农业推广

NONGYE

TUIGUANG

杨文秀　赵维峰　姚艳丽　主编

中国农业出版社

北　京

图书在版编目（CIP）数据

农业推广 / 杨文秀，赵维峰，姚艳丽主编 . -- 北京 ：中国农业出版社，2024. 8. -- ISBN 978-7-109-32357-5

Ⅰ. S3-33

中国国家版本馆 CIP 数据核字第 2024MD5441 号

中国农业出版社出版

地址：北京市朝阳区麦子店街 18 号楼

邮编：100125

责任编辑：丁瑞华　黄　宇

版式设计：杨　婧　　责任校对：吴丽婷

印刷：三河市国英印务有限公司

版次：2024 年 8 月第 1 版

印次：2024 年 8 月河北第 1 次印刷

发行：新华书店北京发行所

开本：700mm×1000mm　1/16

印张：11.75

字数：223 千字

定价：68.00 元

编写人员名单

主　　编　杨文秀　云南农业大学

　　　　　赵维峰　云南农业大学

　　　　　姚艳丽　中国热带农业科学院南亚热带作物研究所

副主编　杨小环　山西农业大学

　　　　　马金虎　山西农业大学

　　　　　贺军军　中国热带农业科学院南亚热带作物研究所

　　　　　张秀梅　中国热带农业科学院南亚热带作物研究所

　　　　　张宝琼　云南农业大学

编　　者　（按编写章节顺序排序）

　　　　　赵维峰　云南农业大学

　　　　　魏长宾　中国热带农业科学院南亚热带作物研究所

　　　　　马金虎　山西农业大学

　　　　　张艳芳　福建省农业科学院果树研究所

　　　　　李学俊　云南农业大学

　　　　　杜华波　云南农业大学

　　　　　蒋快乐　云南农业大学

　　　　　林　蓉　云南农业大学

　　　　　郭顺云　景洪市农业农村局

　　　　　郭金斌　景洪市农业农村局

　　　　　罗晓荣　景洪市农业农村局

　　　　　张宝琼　云南农业大学

　　　　　杨小环　山西农业大学

　　　　　孙亮亮　云南农业大学

　　　　　柴正群　云南农业大学

　　　　　杨文秀　云南农业大学

　　　　　崔文锐　云南农业大学

李晶晶　云南农业大学
张玉琼　云南农业大学
姚艳丽　中国热带农业科学院南亚热带作物研究所
唐　然　云南农业大学
贺军军　中国热带农业科学院南亚热带作物研究所
张秀梅　中国热带农业科学院南亚热带作物研究所
杨学虎　云南农业大学

前言

　　农业推广工作，是农业推广人员将农业领域最新的科学、信息、技术、成果通过沟通、交流、试验、示范等手段，传播、传递、传送给农业生产者，改变其生产条件和生活环境，有效提高其科学文化素养与经济收入水平，振兴乡村经济，促进农业可持续发展，切实为"三农"服务。农林本科高校开设的农业推广课程，是为农业推广工作培养立志奉献农业的社会责任感重、工作使命感强、专业知识硬、综合素质高、技术技能扎实人才的课程。因此，本教材以培养高素质农业推广人才为导向，以完成农业推广工作为前提，依工作程序设置安排学习章节内容，力图在整合农学、农村社会学、教育心理学、行为学、传播学、营销学等多门学科知识的基础上，能够让使用本书的农林高校本科学生掌握农业推广工作流程与技能，实现教材为高校课程服务的根本任务。同时，本书也可作为推广单位农业推广人员的工作指导用书，实现教材为社会工作服务的基本功能。

　　本书由杨文秀、赵维峰、姚艳丽主编，杨小环、马金虎、贺军军、张秀梅、张宝琼副主编。编写分工为：第一章由赵维峰、魏长宾、马金虎、张艳芳、李学俊、杜华波、蒋快乐编写，第二章由林蓉、郭顺云、郭金斌、罗晓荣、张宝琼编写，第三章由杨小环、孙亮亮、柴正群编写，第四章由杨文秀、崔文锐、李晶晶、赵维峰、杨小环、张玉琼编写，第五章由姚艳丽、唐然、贺军军、杨文秀编写，第六章由张秀梅、杨学虎编写。本书的出版，得到云南农业大学、中国热带农业科学院南亚热带作物研究所、山西农业大学等单位的大力支持，在此深表谢意。

农业推广

　　本书在编写过程中参考、借鉴了许多专家的研究成果与资料，在此深表谢意。同时，由于编写时间仓促，编者学识水平有限，难免有疏漏与不足，敬请读者提出宝贵意见。

编　者

2024 年 6 月

目录

第 一 章

了 解 农 业 推 广

▨ 本章学习目的

　　农业推广工作，是农业科研单位与农业生产之间的一座桥梁，是农业推广人员将农业科研单位创新研究的科技成果通过沟通、交流、试验、示范等手段，传播、传递、传送给农业生产者，有效提高农业生产者科学文化素养，切实促进农业科技成果转化为现实生产力，真正服务于"三农"，促进农业及其他产业可持续发展，保障国民经济有序提升，实现国家富强、民族振兴、人民幸福的一项重要工作。因此，新时代的农业推广人员，必须坚定理想信念，认识农业推广的本质，明确农业推广的作用，了解农业推广工作的程序，清楚自身使命职责，夯实自身综合素养，调查农业发展与社会需求等状况，筛选适宜的农业推广项目并进行试验与示范，选用适宜的推广模式与方法实施农业项目推广，并作出客观总结与评价，有效促进农业推广工作及农业生产可持续发展、推进乡村振兴战略与中华民族伟大复兴。

探究学习

1. 农业推广对我国"三农"发展的促进作用。
2. 合格农业推广人员应具备的综合素养。
3. 各类农业推广组织的工作职责。
4. 绘制农业推广工作流程图。
5. 查阅资料并总结体会我国具有悠久历史文化及辉煌业绩的农业推广活动。

▨ 参考学习案例

1. 电影《农民院士》。
2. "中国甘薯之父"陈振龙一家七代引种推广甘薯的故事。
3. 《中华人民共和国农业技术推广法》。

第一节　农业推广的概念、性质和作用

农业推广是人类进入农业社会就开始出现的一种社会活动，是为农业和农村发展服务的一项活动。由于各国政治、社会制度及经济文化的差异，农业和农村发展水平不同，故农业推广活动的内容、形式和方法也有较大差异，但其本质都是大力促进农业、农村、农民发展。

一、农业推广的概念

（一）农业推广的内涵及其演变

我国古代的农业推广被称为"教稼""劝农""课桑"。在《宋史·食货志》中有记载，宋真宗时期，实行养民政策，"推广淳化之制，而常平、惠民仓遍天下矣。"宋高宗绍兴二年（1132 年），德安府汉阳镇抚使陈规，向朝廷上奏折建议推广："廷臣因规奏推广，谓一夫授田百亩，古制好。今荒田甚多，当听百姓清射。"朝廷采纳这一建议，"下诸镇推广之"。可见，在我国古代就已将"推广"一词用于农业活动。

国外的"推广"，最早见于 1866 年英国剑桥大学和牛津大学的"大学推广"一词，是把大学教育延伸到校外进行社会教育的活动。

20 世纪初，美国的赠地学院开始应用"农业推广"一词。1914 年美国国会通过《农业合作推广法》，使农业推广法制化，同时也给"农业推广"赋予了新的意义，并成为现代农业推广的专用词。

我国"农业推广"一词的应用，始于 20 世纪 30 年代，新中国成立后改用"农业技术推广"。由于我国农业经济体制的变革，"农业技术推广"的含义，已经不再符合现代农业的科技化、智慧化及农村经济的发展要求，因此，自1985 年至今，又以广义的"农业推广"一词代替"农业技术推广"。

农业推广的内涵是随着时间、空间的变化而演变的；是随着各国的历史特征、国情、组织方式的不同，以及要实现的目标各异而演变的。因此，很难对"农业推广"这个术语下一个确切的定义，也就使这一术语有不同的含义和解释。

1. 狭义的农业推广

狭义的农业推广主要特征是技术指导。它是指对农事生产的指导，即把大学和科研机构的科学研究成果，通过适当的方式介绍给农民，使农民获得新的知识和技能，并且在生产中应用，从而提高产量、增加收入；是以指导性农业推广为主线，以"创新扩散"理论为基础，以种植业产中服务为主要内容的推广。

狭义的农业推广，工作业务范围大都以种植业为主，针对各地农业生产中存在的技术问题，着重推广农业改良的技术，长期以来，我国沿用的"农业技术推广"的概念（含义），也属此范畴。

2. 广义的农业推广

广义的农业推广，其主要特征是教育，是指推广农业技术、教育农民、组织农民、培养农民及改善农民实际生活质量等方面。因此，广义的农业推广是以农村社会为范围，以农民为对象，以家庭农场或农家为中心，以农民实际需要为内容，以改善农民生活质量为最终目标的农村社会教育；是以教育性推广为主线，以行为科学为主要理论基础的推广。

广义农业推广的工作内容、范围很广，包括有效的农业生产指导；农产品运销、加工、贮藏指导；市场信息和价格指导；资源利用和自然资源保护指导；农家经营和管理计划指导；农家家庭生活指导；乡村领导人才培养和使用指导；乡村青年人才培养和使用指导；对农村青年进行有组织地"手、脑、身、心"的四健教育；乡村团体工作改善指导；公共关系指导等。1973年联合国粮农组织出版的《农业推广参考手册》（第一版）作如下表述：农业推广是旨在改进耕作方法和技术，增加产品效益和农民收入，改善农民生活水平和提高农村社会教育水平，主要通过教育来帮助农民的一种服务和体系。总体来说，广义的农业推广强调教育过程。

3. 现代农业推广

农业推广的发展趋势促使人们对"推广"概念有了新的理解，即从狭隘的"农业技术推广"延伸为"涉农教育与咨询服务"。说明，随着农业现代化水平、农民素质以及农村发展水平的提高，农村居民及一般的社会消费者不再满足于生产技术和经营知识的一般指导，更需要得到科技、管理、市场、金融、家政、法律、社会等多方面的信息及咨询服务。因此，1964年于巴黎举行的一次国际农业会议上，人们对农业推广作了如下解释：推广工作可以称为咨询工作，可以解释为非正规的教育，包括提供信息、帮助农民解决问题。1984年，联合国粮农组织发行的《农业推广》（第二版）一书中，也作了这样的解释：推广是一种将有用的信息传递给人们（传播方面），并且帮助他们获得必要的知识、技能和观念，且有效利用这些信息或技术（教育方面）的不断发展的过程。一般而言，推广工作的目标是使人们能够利用这些技能、知识和信息来改善生活质量。

通俗地讲，现代农业推广是一项旨在开发人力资源的涉农教育与咨询服务工作。推广人员通过沟通及其他相关方式与方法，组织与教育推广对象，使其增进知识，提高技能，改变观念与态度，从而自觉自愿地改变行为，采用和传播创新，并获得自我组织与决策能力来解决其面临的问题，最终实现培育高素质农民，发展农业与农村，增进社会福利的目标。

由此，可进一步延伸和加深对农业推广工作与农业推广人员的理解：农业推广工作是一种特定的传播与沟通工作，农业推广人员是一种职业性的传播与沟通工作者；农业推广工作是一种非正规的校外教育工作，农业推广人员是一种教师；农业推广工作是一种帮助人们分析和解决问题的咨询工作，农业推广人员是咨询工作者；农业推广工作是协助人们改变行为的工作，农业推广人员是行为变革促进者。

关于现代农业推广的解释，还有更多说法，每一种解释都从一个或几个侧面揭示出了现代农业推广的特征。通常，现代农业推广的主要特征可以理解为：推广工作的内容已由狭义的农业技术推广拓展到推广对象生产与生活的综合咨询服务；推广的目标由单纯的增产增收发展到促进推广对象生产的发展与生活的改善；推广的指导理论更强调以沟通为基础的行为改变和问题解决原理；推广的策略方式更重视由下而上的项目参与方式；推广方法重视以沟通为基础的现代信息传播与教育咨询方法；推广组织形式多元化；推广管理科学化、法制化；推广研究方法更加重视定量方法和实证方法。

（二）农业推广概念的基本界定

世界著名农业推广学家们对农业推广的解释有多种说法。①茹林（Roling）认为：推广是一种由机构部署的职业性的沟通干预，以诱导公共或集体效用行为的自愿变革。②范登班（Van Den Ban）认为：农业推广是一种特定的工作过程，旨在帮助农民分析现状和未来；帮助农民认识问题的所在；帮助农民增加知识，提高对问题的认识能力和处理方法，以增强农民实施方案的动力和决策能力。③阿尔列希特（H. Albrecht）认为：推广是指推广工作者通过对推广对象的刺激，帮助解决其面临的紧迫问题，激发他们工作能力的过程。④斯旺森（B. E. Swanson）认为：推广是让人们获得有用信息的过程，同时帮助人们获得他们所需要的知识、技能和见解，并有效地利用这些信息和技术。

1. 农业推广概念的基本定义

依据农业推广工作的特点，即农业推广是政府促进农业发展的一种政策手段，农业推广是创新扩散系统，农业推广是一种特殊的社会教育活动，农业推广可以诱导农民行为的自愿改变以及农业推广是一种沟通过程等方面可以表明，农业推广活动是一种机构部署的职业活动，并以特定的内容、特殊的教育形式实现农业推广目标。

《中华人民共和国农业技术推广法》（以下简称《农业技术推广法》），将农业技术推广界定为：通过试验、示范、培训、指导以及咨询服务等，把农业技术普及应用于农业生产产前、产中、产后全过程的活动即为农业技术推广。

根据我国推广学家张仲威的定义，农业推广是一种活动，是把新科学、新技术、新技能、新信息通过试验、示范、干预、沟通等手段，根据农民的需要传播、传授、传递给生产者、经营者，促使其行为的自愿变革，以改变其生产条件，改善其生活环境，提高产品产量、收入，提高智力以及自我决策的能力，达到提高物质文明与精神文明的最终目的的一种活动。

2. 农技推广与农业推广、农村推广的关系

前面对农技推广与农业推广的概念做了详细阐述，而农村推广恰是农业推广的外延扩展，一般情况下两者可以交替使用。农村推广着眼于农村发展。农业推广主要是从农业经济发展（产业发展）的角度考虑。农村发展是将农村社会、经济协调发展和城乡协调发展作为一个整体，进行统筹兼顾，如美国的"四健会"活动就是农村推广的典型。因此，农业推广和农村推广的区别，只是概念的外延不同，并由此带来工作思路、范围等方面的一些差别，两者内涵是一样的。但农技推广与农业推广的区别，既表现在内容的宽窄上，也表现在指导思想和方法论以及逻辑结构上。农技推广的内容侧重于技术成果，其指导思想着眼于解决技术问题。

二、农业推广的基本性质

农业推广的内涵受时间、地点的制约，随社会、经济、科技的历史发展而演进。作为一种社会现象，农业推广的基本性质却始终没有改变，那就是教育性。

（一）狭义农业推广的教育性

狭义农业推广，一般都强调改进技术，将适用的农业科技成果和增产经验，通过各种方式、方法向农民传播，指导农民懂得和应用这些科技知识和生产经验，去提高农业生产水平。在这种农业推广过程中，农民接受了新的知识技术，提高了农业科学技术水平，增加了农业生产或改善了农产品质量。因此，尽管狭义农业推广的业务内容是农业技术性的，但其本质是面向农民的一种社会性的农业职业技术教育。这种教育同任何一种别的教育一样，直接的社

会功能是提高受教育者的素质。

（二）广义农业推广的教育性

广义的农业推广不只是对农民施加技术教育，而且涉及一切与农业经营和农民生活有关的事项。1949 年，布鲁奈（E. Brunner）和扬寻宝合著的《美国乡村与推广服务》一书中认为，"农业不仅是一种职业，而且是一种文明"，应该把农业推广视为文化指导工作。1949 年，被称为农业推广之父的凯尔塞和赫尔（Kelsey & Hearne）在其合著的《合作农业推广工作》一书中，也认为"农业推广的基本目的是启发人民，供给符合人民需要的服务和教育"。在经济发达的国家里，农业推广是作为发展农村经济、文化的社会性教育，有组织、有计划地进行的。一般包括成年农民的农事教育、农村妇女的家政教育和青少年的"四健"教育。这些教育的着重点是培养个人和社会团体的发展能力，因而是以社区开发为目标的农村社会教育。

（三）现代农业推广的教育性

现代农业推广，是利用现代化的技术手段与传播手段进行信息传播和教育相结合的动态过程，通过发行出版物，建立农业咨询信息系统，广泛利用视听传播手段、电脑推荐、自动查询电话等向农民提供信息咨询服务和传授技术。也就是说，现代农业推广是通过情报和信息的传播以对农民施加影响，促使农民产生新的动机，改变态度，更新知识，科学决策，接受和消化技术，最后改变行为。虽然西方国家目前把现代农业推广视为"行为科学的一种"，但这是一种"更着重于农民心理素质和行为改变的社会教育"。

三、农业推广的作用

（一）促进农业发展

农业发展，意味着传统农业生产方式向以科学为基础的新的生产方式转变。转变历程中的每一步都需要教育和传播（或沟通）方面的投入。因此，不管农业推广以何种形式投入，其作用必须看作农业发展中的一个必不可少的成分。

农业推广及其他因素促进现代农业发展，必须具备 5 项条件：①有农产品的市场；②农业技术不断革新；③当地提供物质和设备、生产资料等；④要鼓励生产，要使农民有利可图，刺激农民生产；⑤具备基础设备和鼓励性措施。而现代农业发展的实践证明：农业推广并不是农业发展的唯一要素，还有市场、价格、物资的投入，信贷、运销、产前、产中、产后的综合服务以及政策、法律等其他要素，共同构成了农业发展的支持系统。农业推广作为农业发展的促进系统，必须和其他手段相结合才能提高其影响力，才能有效引导农民自愿行为的改变，加速农业科技成果转化，进而促进农业发展。有效的农业推广虽然在现代农业发展中不能起到全部的作用，但却是一个重要组成部分。

农业推广是农业与农村可持续发展的有力工具。因为农业推广的内容、目标与农业可持续发展的内容、目标一致，内容更广泛。所以，农业推广是促进农业与农村可持续发展的不可缺少的推动力和工具。

（二）农业推广的"中介"或"桥梁"作用

农业推广是农业发展机构（农业研究机构、院校）和目标团体（农民、农业生产经营者、群体）之间活动的中介。农业科技工作包括科研和推广两个重要组成部分。科学研究是农业科技进步的开拓者，但科学研究对农业发展的作用，不是表现在新的科研成果创新之日，而是表现在科研成果应用于农业生产且带来巨大经济效益和社会效益之时。也就是说，科研成果在农业生产中的实际应用，必须通过农业推广这个中介，如果没有这个中介或纽带，再好的科研成果也只能停留在展品、礼品的阶段，无法转化为现实的农业生产力。同时，农业推广是检验科研成果好坏的尺子（工具），科研成果的最终应用，要通过目标团体（农民等）的实践与检验，来表现其能否解决特定的农业问题，并反馈到农业研究机构和院校。

（三）农业推广是科研成果的继续和再创新

新技术的供给者不能把技术成果立即广泛投入生产，因为一是农业科研成果是在特定的生产条件和技术条件下产生的，只适用于一定的范围，有很大的局限性；二是农业生产条件的复杂性和不同地区经济状况、文化、技术水平的差异性都对推广农业科技成果具有强烈的选择性。因此，要求在实现科技成果转化的过程中，必须包括试验、示范、培训、推广各个环节，并进行组装配套，以适应当地生产条件和农民的接受能力。这一过程，是农业推广工作者对原有成果进行艰苦的脑力劳动和体力劳动的继续，不是农业推广工作者对原有成果的复制，而是在原有成果的基础上进行再创新。

（四）农业推广是完善推广组织、提高管理效率的工具

任何成功的农业推广活动，都必须通过一定形式的组织或团体。不论是政府的农业推广组织，还是非政府的农业推广组织，对于培养高素质农民、发挥农村力量和互助合作力量、保护农民利益以及发展一个农村社区，都能起到促进和发挥其功能的作用，这种组织或团体是实现农业推广目标的最有力的工具。

（五）农业推广有助于提高农民对自我价值的认识

农业推广的性质具有教育性。通过推广使农民在职业技能、思想观念、心理特征、认识程度等方面发生改变，最终使其态度、行为发生改变。这类改变只有在其知识水平提高和基本素质及能力提高的前提下，才能实施自我决策，实现自我需要。因此，农业推广在提高农民素质及其对自我价值的充分认识上具有重要作用。

四、农业推广的任务

农业推广的总体任务是：执行国家的农业技术推广法，通过试验、示范、培训、干预、交流等手段，加速新技术、新成果的推广应用，使科技成果尽快转化为生产力，促进经济全面发展。

农业推广的具体任务包括 10 项内容：①收集科技成果信息，建立科技成果库；②建立试验、示范网点；③开展推广教育，提高农民素质；④农业推广体系的建设与管理；⑤培养农民技术员和科技示范户；⑥开展咨询、指导和信息服务；⑦开展配套经营服务；⑧开展农村调查，总结推广农民经验；⑨为农业决策当好参谋；⑩监督执行有关法规。

第二节　农业推广的发展历史

一、国外农业推广的发展

就世界范围来讲，农业推广可分为政府农业部门为基础的农业推广体系、大学为基础的农业推广体系、商品专业化农业推广体系、非政府性质的推广体系、私人农业推广体系、其他形式的农业推广体系。

（一）美国三位一体合作农业推广

1862 年，美国总统林肯签署了《莫里哀法》，又称赠地学院法，该法案促进了农业教育的普及。1877 年，美国国会通过《哈奇法》，该法规定：为了获取和传播农业信息，促进农业科学研究，由联邦政府和州政府拨款，建立州农业试验站。试验站为农业科研机构，由美国农业部（United States Department of Agriculture）、州和州立大学农学院共同领导，以农学院为主。农学院的教师在同农民的接触中，了解到农民对技术和信息的渴求，促使 1890 年美国大学成立了推广教育协会。1892 年，芝加哥大学、威斯康星大学开始组织大学推广项目。到 1907 年，39 个州的 42 所学院都参加了农业推广活动。1914 年 5 月 8 日，威尔逊总统签署了《史密斯-利弗法》即合作推广法。该法案规定，由联邦政府拨付经费，同时州、县拨款，资助各州、县建立合作推广服务体系。推广服务工作由农业部和农学院合作领导，以农学院为主。这一法案的执行，奠定了延续至今的美国赠地学院教学、科研、推广三位一体的合作推广体系。

美国的农业科技推广体制是在 1914 年通过的《史密斯-利弗法》的规定下建立起来的。美国农业推广体系的核心是构建以农业院校为中心的农业教育、科研和推广"三位一体"的农业推广体系。该法案规定，美国农业科技推广工作由联邦、州和地方政府共同合作办理，州立大学负责执行、评价各项工作计划，向农民传播农业家政信息，指导农业生产和经营活动。这种合作推广体系，上下沟通，形成网络，体系健全，具有群众性、广泛性和综合性。

实行教学、科研、推广三结合，统一由学院领导的体制，是美国高等农业学校的特点，也是美国创建的一种农业推广体系。

（二）日本政府与农协并行的农业推广

日本的农业推广为"协同农业普及事业"，实行政府和农协双轨推广制，形成国家为主、农协为辅的推广体系，呈现科研、教学、推广相互协作、紧密配合的态势。

日本自明治维新年代起，就开始学习欧美农业改良运动，通过政府开展农业改良试验和普及应用的工作。

1947 年创建了日本农业协同组织，形成包括基层农协、县经济联合会和中央联合会的三级农协，组成了完备的流通服务网络。日本农协为农民主要提供营农指导、农业生产资料供应、农副产品贩卖、信用服务、农业保险和信用服务等。日本农协与政府间长期是一种相互依赖、相互利用的关系：在法律上，有《农业协同组合法》支持农协；在经济上，政府给予农协大量援助，多年来，政府对农协一直实行低税制。据统计，日本农民生产的农副产品，80%以上由农协为之销售，90%以上的农业生产资料由农协提供。

现在，日本农业推广的指导重点已从物转为人，从单方面的指导和督促农民生产粮食转为培养农民的自觉性，提高农民自身的能力，向农民提供信息和咨询。

（三）英国发展咨询式的农业推广

为了更有效地指导全国农业推广工作，英国政府于 1946 年在英格兰和威尔士建立了全国农业咨询局，直属英国农渔食品部领导，其主要任务是向农民和农场主提供有关农业生产、科学技术和农业教育方面的免费咨询，并在全国主要农业地区建立了 13 个畜牧实验站和 9 个园艺实验场。徐了在中央一级设

有农业咨询局外，英国政府还根据 1947 年英格兰和威尔士的农业法，在地区和郡设立了农业咨询推广机构，并派驻高级农业咨询官，配备土壤化学、昆虫学、植物病理学、畜牧学、农业机械和农场管理等方面的专家。这些机构的主要职责是：①作为政府部门的代表，协助郡农业委员会发展农业生产；②制定农业法规和部门计划，使农业技术标准不断完善。英国的农业咨询局在 1965 年时就已拥有 2 075 名经过专门训练的专业咨询推广人员，农业发展咨询工作对英国农业的发展起了巨大的推动作用。

（四）法国农业发展式的农业推广

法国的农业推广活动被称为农业发展工作。1879 年 6 月 16 日，法国议会通过修改后的教育法，决定在全国范围内进行农业教育。1884 年农业公会得到了政府的承认，农业互助会、农业协会也相继于 1900 年和 1901 年得到合法地位。1912 年成立农业服务局，主要任务包括：一是负责教育；二是充当农业顾问；三是作为公共部门参与政府的农业决策。农业服务局领导下的教育机构与农业行业公会、农业互助合作和信贷机构共同组成了法国第一个面向农民和农业的推广组织。1946 年推广第一次正式列入了国家预算，1957 年成立了全国农业推广进步委员会，在省一级设立农业局。在法国，传播推广农业科技知识和农业技术信息的有农学家，农艺师，以及农村工程、水利和森林工程师。20 世纪 80 年代初建立了全国试验和示范网，促使基础科研、应用技术和教育部门的力量协调起来。法国的立法活动大大推进了法国农业发展组织的建立，促进了法国农业的迅猛发展。

（五）丹麦咨询服务式的农业推广

丹麦的农业推广活动被称为农业咨询服务，起始时间为 19 世纪 70 年代。该咨询服务，国家给予一部分财政资助，但主要由农场主联合会和家庭农场主协会两个组织雇用咨询专家。咨询专家根据官方制定的规章制度，开展农业咨询服务工作，咨询专家以专业咨询项目的形式开展推广活动，随着农业经济的发展、时间的推移，咨询项目逐步拓宽，咨询专家的数量稳步上升，促进了农业的快速发展。1971 年，丹麦农场主联合会和丹麦家庭农场协会共同建立了丹麦农业咨询中心，作为丹麦全国农业咨询工作的总部及其主要业务部门。

（六）以色列政府主导式农业推广

以色列的农业推广一直以政府为主体，1949 年创建了农技推广服务中心，政府通过农业推广服务体系为农民免费提供技术服务。农业推广体系分为国家和地方两级，国家一级主要是宏观管理、规划指导和政策调控，地方一级主要是由各类专家为农民提供具体的田间指导与服务。推广体系的人员隶属农业部，由政府支付工资。推广体系的直接服务对象是农民，不仅考虑农民现实的需要，而且考虑农民未来的发展，主动制定服务计划，直接或间接为农民提供服务。根据农民的需要，对推广体系的专业人员和推广咨询方法都不断进行调整。推广体系不仅仅满足于向农民传授技术成果，而且要积极寻求和开发新技术，并在大田向农民示范。推广体系的另一项工作是通过他们的实践经验来影响农业科研的方向。推广体系的专家、地区级农业咨询服务人员，都具有较高的教育和专业能力。农业推广人员的工作是为农民提供指导和咨询，以及有关宣传教育，但不能采取强制的方法进行推广服务。农业推广体系受到以色列农民和企业的欢迎，也得到政府和科研部门的支持，它使以色列的农业科研和开发与农业生产连接成一个有机的整体。

（七）印度的农业推广

印度独立后，坚持推广农业开发方针，积极发展农业教育、科研和推广事业，成效显著。

1. 印度独立后的早期农业开发培训

印度在英国殖民地时期，农业改进很少，农业推广的基础也很差。1947年印度独立后，开始重视农村的开发建设工作。1952年推广集约化农业的社区开发计划，需要大量从事农村开发工作的各种专业人员。为了对农村开发工作人员进行农业、畜牧、农村合作、公共卫生等方面的培训，由中央和联邦政府农业系统的农业推广机构，在全国建立43个推广培训中心，1953年增加为100个推广培训中心。1955年以后，由于社区开发计划需要大量农村妇女工作人员，又设了46个妇女培训中心。1956年，成立14个乡村学院，开设农业技术、卫生、普通教育等课程，基本任务是对农村群众进行有关教育。1959年作为社区发展计划的一部分，又正式建立了农村青年俱乐部，其目的是帮助青年农民成为更好的农民和有教养的公民。青年俱乐部的男青年们主要学习作物栽培、养禽、养牛，女青年们则接受编织、缝纫、食品与营养、家畜饲养的技术教育。

2. 农业大学的建立及其推广服务

印度独立时，有17所农学院，规模很小，平均每校学生不到100人，而且只做教学工作，不对农村社会承担义务。1949年，大学教育委员会以美国赠地学院的方式在每个邦建立"农林大学"。1960年在北方邦的潘特那加（Pant Nagar）建立了第一所农业大学。这是印度高等农业教育的历史转折，接着在其他许多邦也相继建立农业大学。1966年，印度农业研究委员

11

会制定《农业大学规范法》，强调农业大学要为农业和农村社会服务，着重加快解决农村的社会经济问题，实行教学、科研、推广相结合，这就使印度农业大学具有教学、科研、推广三种职能。因此，在农业大学设有推广机构，负责推广服务。有的农业大学还设有推广教育系，没有推广系的也都开设了推广教育课。

印度农业大学推广机构的任务，是对推广人员和农村传播新的知识和技术。一般是在校内设推广主任或推广教育委员会，负责协调全校的推广工作；也有些农业大学在地区设立推广站或推广中心，并派专家去工作。但是，由于过去的领导体制和传统习惯，印度农业大学的推广职能并没有充分发挥，各校的情况也很不一致，与美国农学院的情况相比，有相当大的差别。

3. 农业开发培训和推广服务的发展

进入 20 世纪 70 年代以来，印度大力推行"绿色革命"和集约农业的农业发展战略。据 1971 年印度人口普查，全国共有 1.3 亿农业劳动力文化素质较低，若没有适当的技术培训，就不能使农业科学技术应用于生产和造福于农民，因此，印度政府加强了农业开发培训体系建设，农业大学和农业研究部门的推广服务工作也随之发展起来。

在农业工作人员培训方面，印度政府在全国建立了三所推广教育学院，对农村推广人员和农村培训中心的教员进行在职培训；同时，采取和农业大学、研究所联合组织短训班的方式，对农业部推广局的官员进行培训。1977 年，为强调政府的农村开发方针，将 1962 年建立的国立社区开发学院改为国立农村开发学院，各邦的社区开发培训中心改为邦社区开发学院，专门培训农村开发人员。同时，印度农业委员会于 1965 年进行改组以后，所属的部分专业研究机构也承担了培训农业开发人员的培训任务。

在农民培训方面，印度政府在引进和推广畜产品种和其他开发项目计划中，在各开发区建立了农民培训中心。农民培训中心由区的培训官员领导，配备培训人员、无线电联络人员、管理人员和示范工作者，采取专题短期培训、生产示范和广播讲座相结合的形式，对农民进行新技术的培训。印度的农业大学在一些开发地区，派出专家与邦政府的开发人员配合，为农民提供短期培训和咨询服务，少数农业大学还建立农民培训学校，主要培训青年农民。1971年，旁遮普农业大学开始创办函授教育，为有一定文化的农民提供一年制的农民课程。印度农业研究委员会于 1974 年开始建立农业科学中心，以农业生产为主要目标，以"在做中学"为学习方法，使农民了解一些科学知识，学习技术和增强解决实际问题的能力。此外，农村青年俱乐部的组织活动也有更大发展。

二、中国农业推广的发展

(一) 古代农业推广

1. 远古教稼的开创与兴起

我国原始农业阶段的教稼,相传开创于神农时代,兴起于尧舜时代的后稷。4 000 年前的尧舜时代,原始农业阶段的教稼由自发传播转向自觉推广,并开始逐步形成行政推广体制。据古籍论述,尧帝的异母兄弟姬弃,从小喜爱钻研农业技艺,善于种植五谷,姬氏族的人都乐意仿效,于是尧帝"拜弃为农师",指导人民务农。尔后,舜帝继位,命弃主管农业,封官号为"后稷",从此就有了专门负责教稼的农师和主管农业的官员。由于教稼有方,后稷成为兴起教稼的第一位"农师"。周王朝继承并发展了后稷的重农治国思想和行政教稼制度,并初步形成从中央到地方的较为完整的教稼体制,使以教育、督导与行政管理、诏令相结合的教稼方式渐趋定型。

2. 古代劝农的辉煌成就

随着农业的发展,原始农业渐次转向传统农业。西汉时期,我国传统农业技术水平赶上了罗马。而东汉时期,我国传统农业技艺已领先于世界。到了元明时期 (1279—1644 年),我国传统农业已有突破性进展:一是广泛引进、传播、推广了许多新兴作物,例如棉花、玉米、烟草、甘薯、向日葵等一批作物先后引进推广;二是在对待天时、地利、人力的关系方面,其理论发展到新的高度,继南宋《陈旉农书》之后,进一步提出人定胜天、人力回天论,并一扫历来奉行的风土限制说,开始确立风土熟化说。

自汉初开始采取劝农政策,并从中央到地方确立劝农官制以后,历代沿袭,有些朝代还辅之以民间"农师",合力劝农,劝农取得了辉煌的业绩。如西汉著名劝农官赵过在推广"新田器"和"代田法"中,首创培训与试验、示范、推广相结合的跳跃式传播范例;唐代武则天执政时期,召集各地劝农官和农学家赴京编撰农书,并以手抄本颁行天下,作为劝农教材,利用大众传播方式进行农业推广;宋太宗时期首创"农师制",充分发挥民间力量配合做好劝农工作;清圣祖康熙令李煦度种双季稻,创造出包括试验、示范、繁育、推广的整套科学程序。

(二) 近代农业推广

从 19 世纪 60 年代开始,中国向欧美、日本借鉴学习,兴办学堂,引进科学技术,创办实业,改良农业。

1. 农业教育的创办及其推广活动的开展

19世纪末，洋务派张之洞（曾出任清政府农工商部大臣）、维新派康有为、实业家张謇（曾出任北洋政府农商总长）、民主革命先驱孙中山都力主兴办农业教育。

据史料记载，19世纪创办的农务堂有杭州蚕学院、湖北务农工艺学堂、江西高安蚕桑学堂、江宁农务工艺学堂、广西农学堂等分所。1903年，清政府重定学堂章程，规定除举办农科大学外，分设高等、中等及初等农业学堂。1905年，京师大学堂分设农科大学（即今中国农业大学前身），这是我国兴办的第一所农业大学。到1909年为止，全国共兴办1所农业大学、5所高等农业学堂、31所中等农业学堂、59所初等农业学堂。农业学堂初创时期，大多靠聘用外籍教师和留学归国人员执教，并翻译日本、英国、美国农业书籍作教材。

20世纪20年代开始，我国高等农业院校纷纷仿效美国大学农学院开展农业推广的做法，私立金陵大学、国立东南大学、国立广东大学等高等院校都先后设立了农业推广部，大力推广棉、麦、家蚕良种及病虫防治技术，改良农具；创办农业刊物，编印推广读物；合办农业推广实验区，逐步开展各项推广工作。到20世纪30年代，各农业院校已经普遍设立农业推广部、处，并广开农业推广课程。1935年，金陵大学章之汶、李醒愚合著的《农业推广》成为第一本教学用书。自此以后，我国农业教育由清末模仿日本转向借鉴美国赠地学院模式，中、初等农业学堂陆续改成农业职业学校。据有关资料推算，20世纪30年代，全国20多所高校每年平均毕业生为400多人，职校约2 000人。

2. 农业科研机构的建立及其推广活动的开展

19世纪末20世纪初，我国仿照日本劝农体制，建立农业科研机构。1906年在北京创立中央农事试验场，下设树艺、园艺、蚕丝、化验、病虫害等分科，这是第一所国家级农业科研机构。1909年在上海创建育蚕试验场，这是全国第一所专业性农业科研机构。辛亥革命前，全国各地共建成20余所农业科研机构。农业科研机构的建立，标志着我国农业技术由单靠经验积累逐步向实验研究转轨。

民国初年尚处于萌芽阶段的农业科研机构；由于人员很少、经费缺乏、经验不足，所起作用有限。这一时期，先后引进美国陆地棉、大粒花生，引进抽水机、轧花机、制茶机，开办化肥厂，试用化肥，并加以推广，做出了一定成绩。历经曲折发展，我国农业科研体系才逐步建成，并在培育良种、改良农具、改进生产技术方面取得成果。1932 年，国民党政府在南京设立中央农业实验所，下设农艺、园艺、森林、畜牧、兽医、蚕桑、植病、农场经营、农情报告等系。据抗战前统计，当时全国已建立各类农事试验场所达 691 个，其中，国立 52 个、省立 256 个、县立 174 个、私立 26 个、社团兴办 83 个。抗日战争期间，为增产粮棉，确保军需民用，许多省建立农业改良所，既设研究系，又设推广部；同时，许多县的农业改良场与农业推广所合并，使研究工作紧密配合推广需要。此外，还有一些实业社团资助农业院校的科研工作。例如，美国丝商、上海棉纺业和面粉业同业公会，对岭南农科大学蚕桑学院、金陵大学农学院、东南大学农学院提供捐款，使其在国家蚕种改良、棉麦育种上取得可喜成绩。

3. 政府与民间农业推广系统的建立

清末时期，清政府设立农工商部，下设四个司，农务局居首，主管全国农业行政。各省设劝业道，各县设劝业员，负责农业推广。

北洋政府时期，由农商部总管农业行政。当时的农业推广主要靠少数几所农事试验场和农业院校兼管。

国民党时期，逐步建成政府推广系统。从 20 世纪 20 年代末到 40 年代，先后由实业部所属中央农业推广委员会、经济部所属农产促进委员会和农业推广委员会总管全国农业推广。与此同时，在部分省陆续建立省农业推广会（处、站、所），在少数县陆续建立县农业推广所或县农业改良场。据 1946 年统计，在全国 35 个省 2 016 个县中，建立省级推广机构的有 14 个省，占 40%；建立县级推广机构的有 586 个县，占 29%。基层推广组织为乡镇农会，全国有 7 681 个，从上到下基本上形成一个系统。当时，全国政府推广系统的推广人员共 2 200 多人，其中，中央机构 396 人，约 3/4 派往省、县两级任职，省级 350 人，县级约 1 500 人。每县多则四五人，少则一二人。此外，尚有非政府推广系统的公、私农业机构的推广人员约 700 多人。由此可见，当时农业推广力量很单薄，加上多数省份经费严重不足，农业推广工作之艰辛可想而知。

五四运动，平民教育思潮兴起，许多知识分子为改造我国的教育，以推行平民教育和职业教育为宗旨，纷纷结成民间教育社团。20 世纪 30 年代前后，一部分社团开始面向农村，掀起民间性的乡村建设实验运动。其中，产生影响较大、成绩较为突出的有以黄炎培为首的中华职业教育社在江苏昆山试验区的推广活动，以晏阳初为首的中华平民教育促进会在河北定县、重庆市璧山县开展的推广活动，由梁漱溟创立的山东乡村建设研究院在山东省开展的推广活

动。这些推广活动对指导当地农业生产，促进乡村社区发展作出了积极贡献。

（三）新中国的农业推广

1. 新中国成立以来农业推广发展阶段

新中国成立以来，为适应农村生产关系的不断变革，推动农业生产力不断发展，农业推广也在探索中不断改进，依据农业推广体系的演变发展划分，大体上可分为五个阶段：

（1）1949—1957年，起初以县示范农场为中心，互助组为基础，劳模、技术员为骨干，组成推广网络；后来又大力兴办农业技术推广站，作为推广的依托。这是农业推广的基层网络创建阶段。

（2）1958—1965年，农业推广机构经历了精简、整顿、恢复、发展的曲折进程，开始建立地、县级农业技术推广站，并完成专业分工，是中层推广组织的完善阶段。

（3）1966—1976年，这期间原有推广机构一度瘫痪，四级农业科学实验网兴起，农民技术员队伍逐步壮大，是重建专群结合的推广网络阶段。

（4）1977—1991年，经过拨乱反正，从上到下重建农技推广、服务体系，并大力发展县农业技术推广中心，是全国农业推广新体系再创阶段。

（5）自1992年以来，随着经济体制改革的逐步深入，随着农业由计划经济向社会主义市场经济转轨，探索具有中国特色的现代农业推广新体系开始提上日程，是农业推广体系深化改革阶段。

2. 农业推广体系的特点

我国农业推广体系在长期发展中逐渐形成以下6个特点：

（1）由政府领导，农业行政部门主管，以政府兴办的各级农业推广机构为主体，组织、协调、实施各项推广工作。

（2）农业推广与农业教育、农业科研归入政府不同部门，各自独立，通过政府组织"三农"协作，共同开展农业开发、集团承包，分工承担重点推广项目、农业攻关项目等科教兴农活动，对推广作出各自的贡献。

（3）专业推广机构按农业、畜牧、水产、农机化、经营管理分别组成，自成体系。

（4）推广机构的职能以技术推广、社会化服务和教育引导为主，通过运用各种推广手段，执行国家计划，并提高农民经济收益。

（5）全国农业推广网络以县、乡两级推广机构为重点，分别作为推广网络结构的中枢和骨干。

（6）推广队伍由专业科技人员和农民技术员组成，实行专群结合、分工合作的办法。

3. 主要的农业推广体系

（1）高等农业院校的农业推广。我国农业院校，继承革命根据地办学的优秀传统，从 20 世纪 30 年代的苏维埃大学，到 40 年代的延安自然科学院和华北大学农学院，历来强调教学、科研、推广三位一体，并鼓励师生下乡传播、推广农业技术。党的十一届三中全会以后，我国农业院校的农业推广工作进入蓬勃发展的新阶段。20 世纪 90 年代以来，全国 60 多所农业院校，无论是在推广内容，还是在推广方式、方法上，都有突破性进展，具体表现在以下几点：

①在校内建立良种场、发挥试验研究、示范推广、良种繁育综合功能，经常接待农民、农民企业家、农业推广人员，使科研成果及时转化为生产力。例如，西北农业大学、中国农业大学选育的小麦良种累计推广面积有几百万公顷。

②在校外建立多学科综合技术开发区，以点带面帮助地方发展农村经济。例如，中国农业大学面向黄淮海平原旱涝盐碱地的综合治理和农业开发，在河北曲周县建立试验示范区，人均收入由不足 100 元增长到 700 元，该实验示范区面积逐步扩大到 1.5 万公顷，对黄淮海平原中低产田的开发产生较大技术辐射作用。

③建立教学、科研、生产"三结合"基地，使广大师生面向农村、适应农村、服务农村。据 40 所院校统计，各校共建立基地 400 多个，下基地教师千余人、实习生数千人，开展研究几百项，推广项目百余个。

④建立技术推广协作网，使科技成果迅速应用于大面积生产。例如，由四川农业大学牵头，由 13 个市县共同组成的"四川冈型杂交水稻协作网"，推广杂交稻面积几十万公顷。

⑤选派知名专家、教授担任地方技术顾问，应聘派出骨干教师兼任地方科技领导干部，为当地发展农业、发展经济出谋划策。例如，西南大学（原西南农业大学）向 6 个县派出 6 名科技副县长和 40 名科技副乡长，为当地建设长江中下游果带和实施水土保持工程作出了贡献。

⑥建立扶贫基地，组织师生帮助贫困地区脱贫致富。例如，1986 年以来，农业农村部（原农业部）部属 8 所院校有 300 多名教授、副教授和几千名师生参加了 10 个县市的扶贫工作，3 年时间内，使其中 9 个县 90% 的贫困户基本脱贫。

⑦通过技术转让，将增产菌、种衣剂、植物生长调节剂、饲料添加剂、复

合蔬菜汁等一批新产品的开发技术转让给厂家形成规模生产。通过技术承包，加速新技术推广应用。例如，湖南农业大学苎麻研究所联合省农业厅，在全省12个苎麻生产基地县推广无性快繁新技术，推广覆盖率达全省苎麻面积的80%。

⑧开办农业推广专业，开设农业推广课程，编印农业推广教材，为培养推广专业人才作出贡献。自20世纪80年代中期开始，北京农业大学（现中国农业大学）率先开办农业推广专业，并在农业经济管理硕士、博士点上招收农业推广方向硕士生和博士生。许多院校纷纷为种植、养殖、经济类专业学生开设农业推广学课程，并先后建立了农业推广专业，如江苏农学院（现扬州大学农学院）开办了四年制本科农业推广专业。2000年，国务院学位办设置了农业推广专业硕士学位，并在全国十多所高校中招收了首批农业推广硕士研究生。

⑨设立专门培训机构，举办各种干部培训班。例如，举办县、乡农业管理干部和乡镇企业管理干部进修班，围绕"星火计划""丰收计划""菜篮子"工程、"温饱工程"开办各种技术培训班等。

⑩开展各种形式的科普咨询活动，将科技传播到农业生产第一线。例如，西南大学（原西南农业大学）组织33个"大学智力支乡"小分队，回乡开展技术咨询、技术推广工作；扬州大学农学院组织师生下乡开展"百点播火"活动，分发科普资料，接受科技咨询，巡回播放科普录像；沈阳农业大学编辑出版科普杂志《新农业》，最高年发行量达10多万册，为农民提供脱贫致富的信息与技术。

（2）农业科研单位的农业推广。新中国成立以来，农业科研机构为农业推广系统提供了大量科技成果。20世纪70年代以前，这些科技成果的传播推广主要靠政府部门制定指令性或指导性推广计划，同时辅之以专家建议、样板示范、科普宣传等方式直接向农民传播。进入20世纪80年代，随着经济体制改革和科技体制改革的推进，除了继续依托推广系统推广科技成果之外，还依托技术市场，通过开展技术转让、技术承包、技术咨询服务、技术产品营销等多种形式的科技开发，直接转化研究成果，推动农业发展。如，中国农业科学院从1986年到1990年的5年间共推广粮、棉、油、果、菜、糖、烟、麻等作物新品种近300个；甜菜研究所累计开发推广甜研301良种33.3万多公顷，创造社会经济效益6亿多元，取得直接经济收入200多万元；蔬菜花卉研究所开发推广自育蔬菜品种及引进筛选蔬菜品种90个，创造社会经济效益近5亿元，成果转化率达80%以上。5年间，全院累计转让科技成果200多项。

第三节　农业推广法规与政策

农业推广工作系统的正常运作必须依靠强有力的政策与法规体系的支撑。经过多年的建设，我国目前已形成比较健全的农业推广政策与法规体系。

一、农业推广政策

农业推广政策是根据一定原则，在特定时期内为实现农业推广的发展目标而制订的具有激励和约束作用的行动准则。农业推广政策的内容很多，一般包括农业推广目标与任务的设定，指导农业推广工作的策略、意见与实施办法、农业推广组织机构设置及运行机制、农业推广人员的管理、农业推广经费的来源、农业推广项目管理等。

（一）农业推广政策的作用

农业推广政策通常要涉及众多的领域、部门、行业与学科，因而与各类农业推广人员的权、责、利息息相关，同时也在一定的程度上决定着推广对象采用农业创新的方式及其从中获益的大小。具体而言，农业推广政策的作用可以归纳为 3 个主要方面。

1. 导向作用

农业推广政策的导向作用，一方面，体现在它指出了农业推广工作的目标与方向，使人们朝着规定的目标努力；另一方面，它可以鼓励参与农业推广工作的各个部门、机构和有关人员通力合作，形成合力，加速农业创新的扩散。

2. 规范作用

农业推广政策的规范作用体现在它使人们在农业推广工作过程中有章可循，统一行动。农业推广政策对机构设置、人员编制、任务设定、各项工作的管理等都有明确的规定，这样有利于实现农业推广工作的制度化和规范化，从而保证农业推广工作有条不紊地进行。

3. 促进作用

农业推广政策的促进作用体现在它能引起有关部门与人员对农业推广工作的重视，从而在人力、物力和财力投入上向农业推广倾斜，做出有利于农业推广的规定，以促成社会各界支持和推动农业推广工作的开展。

（二）有关农业推广工作的一些具体政策

1. 农业推广体系改革和体系建设政策

（1）农业"七大体系"建设。继续加强以种养业良种体系、农业科技创新

与应用体系、动植物保护体系、农产品质量安全体系、农产品市场信息体系、农业资源与生态保护体系、农业社会化服务与管理体系为主的农业"七大体系"建设，为农业和农村经济发展提供有力保障。

（2）农业技术推广体系改革和建设。进一步完善农业技术推广体系，形成以县级农技推广机构为枢纽、县以下区域性或乡镇推广中心站为技术集散地的推广服务网络，以及与之配套的以示范场为主体的农业科技示范网络；支持新型农民专业合作经济组织、农产品行业协会、建设配套服务场所、农产品经营网点以及开展信息、仓储、保鲜、运输服务的必要设施；按照强化公益性职能、放活经营性服务的要求，进一步加大农业技术推广体系改革和建设力度。合理布局国家基层农业技术推广机构，有效发挥主导和带动作用。创新农技推广模式，充分调动社会力量参与农业技术推广活动。

（3）建设农业科技示范场。建立以基层农业技术推广机构为依托，以种养业为基础，以一定规模和相对稳定的土地为场所，以农业新技术试验示范、优良种苗繁育、实用技术培训为主要服务内容的农业科技示范基地。建立农业科技示范场，要通过引进和采用新品种、新技术、新的耕作和管理方法；引导产业结构调整，提高种养业生产能力和效益，成为结构调整和现代农业技术推广示范的窗口；通过接受农民咨询、印发信息资料等形式向农民提供农业科技信息，并通过办培训班、现场示范等形式，把示范场办成推广农村实用技术的"田间学校"；通过提供优良种子、种苗，成为优良种子、种苗的繁育基地；通过探索和寻找现阶段农技推广与农民家庭经营相结合的有效方式，为基层推广机构运行机制创新和改革提供舞台。

2. 农业推广与建设现代农业及新农村建设政策

从 2007 年起，实施发展现代农业"十大行动"，即粮食综合生产能力增强行动、健康养殖业推进行动、高效经济作物和园艺产业促进行动、农产品质量安全监管加强行动、农业科技创新应用与新型农民培训推进行动、农业产业化和组织化水平提升行动、循环农业促进行动、现代农业设施装备加强行动、禽流感等重大动物疫病防控行动、社会主义新农村建设示范行动。

3. 农业推广与高素质农民科技培训政策

通过培训，培养一大批觉悟高、懂科技、善经营、能从事专业化生产和产业化经营的新型农民。使受训农民的科技文化素质在总体上与我国现代农业发展水平相适应，具体实施"绿色证书""跨世纪青年农民科技培训""新型农民创业培植""农村富余劳动力转移就业培训""农业远程培训"和"农业科技入户培训"，建立健全农民科技教育培训体系，全面推进新型农民科技培训工作。

4. 农业推广与农业信息化建设政策

健全农业信息收集和发布制度，整合涉农信息资源，推动农业信息数据收集整理规范化、标准化。加强信息服务平台建设，深入实施"金农"工程，建立国家、省、市、县四级农业信息网络互联中心。加快建设一批标准统一、实用性强的公用农业数据库。加强农村一体化的信息基础设施建设，创新服务模式，启动农村信息化示范工程。鼓励有条件的地方在农业生产中积极采用全球卫星定位系统、地理信息系统、遥感和管理信息系统等技术。

5. 农业推广与农业结构调整及发展农业产业化经营政策

按照高产、优质、高效、生态、安全的要求，调整优化农业结构。加快建设优势农产品产业带，积极发展特色农业、绿色食品和生态农业，保护农产品知名品牌，培育壮大主导产业。要着力培育一批竞争力、带动力强的龙头企业和企业集群示范基地，推广龙头企业、合作组织与农户有机结合的组织形式，让农民从产业化经营中得到更多的实惠。

6. 农业推广与加快发展循环农业政策

要大力开发资源节约型和环境友好型农业技术，重点推广废弃物综合利用技术、相关产业链接技术和可再生能源开发利用技术。实施生物质工程，推广秸秆气化、固化成型和发电、养畜等技术，开发生物质能源和生物质材料，培育生物质产业。积极发展节地、节水、节肥、节药、节种的节约型农业，鼓励生产和使用节电、节油农业机械和农产品加工设备，提高农业资源和投入品使用效率，防治农业面源污染。普及节水灌溉、旱作节水农业技术。扩大测土配方施肥的实施范围和补贴规模，进一步推广诊断施肥、精准施肥等先进施肥技术。改革农业耕作制度和种植方式，开展免耕栽培技术推广补贴试点，加快普及农作物精量、半精量播种技术。积极推广集约、高效、生态畜禽水产养殖技术，降低饲料和能源消耗。

（三）近年来与农业推广相关的政策

中共中央办公厅、国务院办公厅于 2021 年 2 月印发了《关于加快推进乡村人才振兴的意见》，强调深入实施现代农民培育计划，重点面向从事适度规模经营的农民，分层分类开展全产业链培训，加强训后技术指导和跟踪服务，培养高素质农民队伍；充分利用现有网络教育资源，加强农民在线教育培训；实施农村实用人才培养计划，加强培训基地建设，培养造就一批能够引领一方、带动一片的农村实用人才带头人；加快培养农业农村科技人才，包括：培养农业农村高科技领军人才、培养农业农村科技创新人才、培养农业农村科技推广人才、发展壮大科技特派员队伍；支持职业院校、农业广播电视学校、农村成人文化技术培训学校（机构）、农技推广机构、农业科研院所等，加强对高素质农民、能工巧匠等本土人才培养；突出抓好家庭农场经营者、农民合作社带头人培育；建立农民合作社带头人人才库，加强对农民合作社骨干的培训；鼓励农民工、高校毕业生、退役军人、科技人员、农村实用人才等创办领办家庭农场、农民合作社。

中共中央、国务院 2021 年 1 月印发了《关于全面推进乡村振兴加快农业农村现代化的意见》，强调推进农业绿色发展，实施国家黑土地保护工程，推广保护性耕作模式，健全耕地休耕轮作制度，持续推进化肥农药减量增效，推广农作物病虫害绿色防控产品和技术，加强畜禽粪污资源化利用，全面实施秸秆综合利用和农膜、农药包装物回收行动，加强可降解农膜研发与推广。

中共中央 2019 年 9 月印发了《中国共产党农村工作条例》，强调各级党委应当加强农村人才队伍建设，建立县域专业人才统筹使用制度和农村人才定向委托培养制度；加强农业科技人才队伍和技术推广队伍建设，培养一支有文化、懂技术、善经营、会管理的高素质农民队伍，造就更多乡土人才。

二、农业推广法规

农业推广法规可以理解为国家有关权力机关和行政部门制订或颁布的各种有关农业推广的规范性文件，包括法律、条例、规章等多种表现形式。

农业推广法规通常分为不同的类型。按照农业推广法规的颁布单位可分为全国性农业推广法规和地方性农业推广法规。按照农业推广法规之间的相互关系与所起的作用可分为主导性农业推广法规和辅助性农业推广法规。按照农业推广法规的内容可分为一般性农业推广法规和特殊性农业推广法规。各种不同类型的农业推广法规组合在一起就形成了农业推广法规体系。

通过制订农业推广法规体系，可以明确规定农业推广的性质和原则、目标和任务；规定农业推广的体系和各级农业推广机构的职能；规定农业推广人员的责任、权力和利益；规定农业推广工作的程序与方法；规定农业推广的各项保障措施等。可见，农业推广法规具有重要的作用，是促进农业推广工作开展、实现农业推广目标的重要工具。制订农业推广法规可以把农业推广工作纳入法制轨道，使农业推广做到有法可依、有法必依、执法必严、违法必究。

三、农业推广政策与法规的区别

农业推广政策与农业推广法规这两个概念既有联系又有区别。广义的农业推广政策可以包括农业推广法规。当两个概念并列使用时，则农业推广政策是狭义的，不包含农业推广法规。二者的区别主要表现在以下几个方面。

（一）制订单位不同

一般而言，农业推广政策的制订单位可以是各级政府或职能部门，也可以是各级党的组织；而农业推广法规的制订单位基本上是各级政府或权力机关。因此，农业推广政策的制订单位或部门要比农业推广法规的制订单位或部门多。

（二）制订程序不同

一般而言，农业推广政策主要是党和政府部门根据农村发展与推广形势的变化以及有关人员的意见按照行政程序制订的，程序比较简单；而农业推广法规通常要按一定的立法程序制订，提交有关机关与人员讨论通过，然后方可颁布实施，程序比较复杂。

（三）呈现方式不同

一般而言，农业推广政策表现为决定、决议、意见、计划等形式。农业推广法规表现为法律、条例、规则、章程、制度等形式。而且，多数农业推广政策包含于其他政策文件之中，只有少数农业推广政策是制订专门的文件；而农业推广法规基本上是专门为农业推广制订的，只有少数农业推广法律条文包含于其他法规之中。

（四）稳定性不同

一般而言，随着农村发展与推广形势的变化，农业推广政策经常需要加以调整或重新制订；而农业推广法规则相对较稳定，其调整或重新制订的频率相对较低。

四、我国农业推广相关法规

（一）我国农业推广法规的建设过程

新中国成立初期一直到 20 世纪 80 年代，农业推广主要是依靠制定各种有关政策进行，没有制定国家的推广法规。例如，1983 年 7 月，农牧渔业部《农业技术推广工作条例（试行）》，规定了要建立从中央到乡村的农业技术推广体系和各级农业技术推广机构的职责、人员编制、管理体制和奖励惩罚。1987 年 4 月，农牧渔业部《关于建设县农业技术推广中心的若干规定》，规定了县农业技术推广中心的任务、建设要求、投资来源、管理体制、财务制度、经营服务和财产管理。后来，以 1993 年 7 月 2 日《中华人民共和国农业技术推广法》的正式颁布实施为标志，我国农业推广工作真正走向法制化轨道。北

京、天津、上海、河北、山西、江苏、浙江、广东等多个省（直辖市、自治区）制定了农业技术推广方面的地方性法规。

《中华人民共和国农业法》（2012 年 12 月 28 日公布），《中华人民共和国农业技术推广法》（2012 年 8 月 31 日公布，2024 年 4 月 26 日修改），《中华人民共和国森林法》（2019 年 12 月 28 日公布），《中华人民共和国畜牧法》（2022 年 10 月 30 日公布），《中华人民共和国渔业法》（2013 年 12 月 28 日公布），《中华人民共和国草原法》（2021 年 4 月 29 日公布），《中华人民共和国农业机械化促进法》（2018 年 10 月 26 日公布），《中华人民共和国种子法》（2021 年 12 月 24 日公布），《中华人民共和国科学技术进步法》（2021 年 12 月 24 日公布），《中华人民共和国促进科技成果转化法》（2015 年 8 月 29 日公布），《中华人民共和国科学技术普及法》（2002 年 6 月 29 日公布），《中华人民共和国职业教育法》（2022 年 4 月 20 日公布），《中华人民共和国环境保护法》（2014 年 4 月 24 日公布），《中华人民共和国水土保持法》（2010 年 12 月 25 日公布），《中华人民共和国农产品质量安全法》（2022 年 9 月 2 日公布），《中华人民共和国农民专业合作社法》（2017 年 12 月 27 日公布），《中华人民共和国乡村振兴促进法》（2021 年 4 月 29 日公布）。这些法律、法规的出台对于加强我国农业推广工作，促使农业科研成果和实用技术尽快应用于农业生产，保障农业的发展，实现农业现代化等产生了重要影响。现今，我国农业推广工作的最基本法规是《中华人民共和国农业法》和《中华人民共和国农业技术推广法》。

（二）涉农法律中与农业推广有关的条款

《中华人民共和国农业法》（以下简称《农业法》）是我国农业的根本大法，共 13 章 99 条。《农业法》对农业生产经营体制、农业生产、农产品流通与加工、粮食安全、农业投入与支持保护、农业科技与农业教育、农业资源与农业环境保护、农民权益保护、农村经济发展、执法监督、法律责任等作出了明确的法律规定。其中，关于农业技术推广的条款简介如下：

第五十条　国家扶持农业技术推广事业，建立政府扶持和市场引导相结合，有偿与无偿服务相结合，国家农业技术推广机构和社会力量相结合的农业技术推广体系，促使先进的农业技术尽快应用于农业生产。

第五十一条　国家设立的农业技术推广机构应当以农业技术试验示范基地为依托，承担公共所需的关键性技术的推广和示范工作，为农民和农业生产经营组织提供公益性农业技术服务。

县级以上人民政府应当根据农业生产发展需要，稳定和加强农业技术推广队伍，保障农业技术推广机构的工作经费。

各级人民政府应当采取措施，按照国家规定保障和改善从事农业技术推广工作的专业科技人员的工作条件、工资待遇和生活条件，鼓励他们为农业服务。

第五十二条　农业科研单位、有关学校、农业技术推广机构以及科技人员，根据农民和农业生产经营组织的需要，可以提供无偿服务，也可以通过技术转让、技术服务、技术承包、技术入股等形式，提供有偿服务，取得合法收益。农业科研单位、有关学校、农业技术推广机构以及科技人员应当提高服务水平，保证服务质量。

（三）其他法律涉及农业推广的有关条款简介

1. 畜牧业技术推广

《中华人民共和国畜牧法》：国家采取措施，培养畜牧兽医专业人才，发展畜牧兽医科学技术研究和推广事业，开展畜牧兽医科学技术知识的教育宣传工作和畜牧兽医信息服务，推进畜牧业科技进步。培育的畜禽新品种、配套系和新发现的畜禽遗传资源在推广前，应当通过国家畜禽遗传资源委员会审定或者鉴定，并由国务院畜牧兽医行政主管部门公告。国家设立的畜牧兽医技术推广机构，应当向农民提供畜禽养殖技术培训、良种推广、疫病防治等服务。县级以上人民政府应当保障国家设立的畜牧兽医技术推广机构从事公益性技术服务的工作经费。

2. 草业技术推广

《中华人民共和国草原法》：新草品种必须经全国草品种审定委员会审定，由国务院草原行政主管部门公告后方可推广。从境外引进草种必须依法进行审批。

3. 渔业技术推广

《中华人民共和国渔业法》：国家鼓励渔业科学技术研究，推广先进技术，提高渔业科学技术水平。国家鼓励和支持水产优良品种的选育、培育和推广。水产新品种必须经全国水产原种和良种审定委员会审定，由国务院渔业行政主管部门公告后推广。

4. 农业机械化技术推广

《中华人民共和国农业机械化促进法》：省级以上人民政府及其有关部门应当组织有关单位采取技术攻关、试验、示范等措施，促进基础性、关键性、公益性农业机械科学研究和先进适用的农业机械的推广应用。国家支持向农民和农业生产经营组织推广先进适用的农业机械产品。推广农业机械产品，应当适应当地农业发展的需要，并依照农业技术推广法的规定，在推广地区经过试验

证明具有先进性和适用性。县级以上人民政府可以根据实际情况，在不同的农业区域建立农业机械化示范基地，并鼓励农业机械生产者、经营者等建立农业机械示范点，引导农民和农业生产经营组织使用先进适用的农业机械。

5. 种子技术推广

《中华人民共和国种子法》：主要农作物品种和主要林木品种在推广应用前应当通过国家级或者省级审定。通过国家级审定的主要农作物品种和主要林木良种由国务院农业、林业行政主管部门公告，可以在全国适宜的生态区域推广。通过省级审定的主要农作物品种和主要林木良种由省、自治区、直辖市人民政府农业、林业行政主管部门公告，可以在本行政区域内适宜的生态区域推广；相邻省、自治区、直辖市属于同一适宜生态区的地域，经所在省、自治区、直辖市人民政府农业、林业行政主管部门同意后可以引种。应当审定的农作物品种未经审定通过的，不得发布广告，不得经营、推广。应当审定的林木品种未经审定通过的，不得作为良种经营、推广，但生产确需使用的，应当经林木品种审定委员会认定。

6. 农产品质量安全

《中华人民共和国农产品质量安全法》：国家引导、推广农产品标准化生产，鼓励和支持生产优质农产品，禁止生产、销售不符合国家规定的农产品质量安全标准的农产品。国家支持农产品质量安全科学技术研究，推行科学的质量安全管理方法，推广先进安全的生产技术。农业科研教育机构和农业技术推广机构应当加强对农产品生产者质量安全知识和技能的培训。

7. 环境保护与水土保持

《中华人民共和国环境保护法》：各级人民政府应当加强对农业环境的保护，防治土壤污染、土地沙化、盐渍化、贫瘠化、沼泽化、地面沉降化和防治植被破坏、水土流失、水源枯竭、种源灭绝以及其他生态失调现象的发生和发展，推广植物病虫害的综合防治，合理使用化肥、农药及植物生产激素。

《中华人民共和国水土保持法》：国家鼓励开展水土保持科学技术研究，提高水土保持科学技术水平，推广水土保持的先进技术，有计划地培养水土保持的科学技术人才。

8. 农业科技进步与农业科学技术普及

《中华人民共和国科学技术进步法》：国家鼓励科学研究和技术开发、推广应用科学技术成果、改造传统产业、发展高新技术产业以及应用科学技术为经济建设和社会发展服务的活动。国家依靠科学技术进步，振兴农村经济，促进农业科学技术成果的推广应用，发展高产、优质、高效的现代化农业。县级以上地方各级人民政府应当采取措施，保障农业科学技术研究开发机构和示范推广机构有权自主管理和使用试验基地与生产资料，进行农业新品种、新技术的研究开发、试验和推广。农业科学技术成果的应用和推广，依照有关法律的规定实行有偿服务或者无偿服务。

9. 农业科技成果转化

《中华人民共和国促进科技成果转化法》：国家鼓励为提高生产力水平而对科学研究与技术开发所产生的具有实用价值的科技成果所进行的后续试验、开发、应用、推广直至形成新产品、新工艺、新材料，发展新产业等活动。国家鼓励农业科研机构、农业试验示范单位独立或者与其他单位合作实施农业科技成果转化。农业科研机构为推进其科技成果转化，可以依法经营其独立研究开发或者与其他单位合作研究开发并经过审定的优良品种。

10. 农民职业教育

《中华人民共和国职业教育法》：县级人民政府应当适应农村经济、科学技术、教育统筹发展的需要，举办多种形式的职业教育，开展实用技术的培训，促进农村职业教育的发展。各级人民政府可以将农村科学技术开发、技术推广的经费，适当用于农村职业培训。

11. 乡村振兴

《中华人民共和国乡村振兴促进法》：国家加强农业技术推广体系建设，促进建立有利于农业科技成果转化推广的激励机制和利益分享机制，鼓励企业、高等学校、职业学校、科研机构、科学技术社会团体、农民专业合作社、农业专业化社会化服务组织、农业科技人员等创新推广方式，开展农业技术推广服务；鼓励农业机械生产研发和推广应用，推进主要农作物生产全程机械化，提高设施农业、林草业、畜牧业、渔业和农产品初加工的装备水平，推动农机农艺融合、机械化信息化融合，促进机械化生产与农田建设相适应、服务模式与农业适度规模经营相适应。

(四)《中华人民共和国农业技术推广法》的主要内容

《中华人民共和国农业技术推广法》（以下简称《农业技术推广法》），于1993年7月2日经第八届全国人民代表大会常务委员会第2次会议通过后颁布，2012年8月31日第十一届全国人民代表大会常务委员会第28次会议修正，2024年4月26日第十四届全国人民代表大会常务委员会第9次会议修改。《农业技术推广法》共六章39条，详细阐述了立法的宗旨，并对农业技术的范畴、农业技术推广的概念、国家对农业技术推广工作的领导等做出了明确的规定。同时，对农业技术推广应遵循的基本原则、推广体系、技术的推广与

应用、保障措施等做了明确规定。《农业技术推广法》是我国较长一段时间内农业推广工作的基本法规。该法主要内容包括：

（1）明确了农业技术、农业技术推广的概念，确立了农业技术推广应遵循的原则。即有利于农业的发展；尊重农业劳动者的意愿；因地制宜，经过试验、示范；国家、农村集体经济组织扶持；实行科研单位、有关学校、推广机构与群众性科技组织、科技人员、农业劳动者相结合；讲求农业生产的经济效益、社会效益和生态效益。

（2）规定了国务院农业、林业、畜牧、渔业、水利等农业技术推广行政部门，按照各自的职责，负责全国范围内有关的农业技术推广工作。县级以上地方各级人民政府农业技术推广行政部门在同级人民政府的领导下，按照各自的职责负责本行政区域内有关的农业技术推广工作。同级人民政府科学技术行政部门对农业技术推广工作进行指导。

（3）我国农业技术推广实行农业技术推广机构与农业科研单位、有关学校以及群众性科技组织、农民技术人员相结合的推广体系。规定了乡（镇）以上各级国家农业技术推广机构的职责是：①参与制订农业技术推广计划并组织实施；②组织农业技术的专业培训；③提供农业技术、信息服务；④对确定推广的农业技术进行试验、示范；⑤指导下级农业技术推广机构、群众性科技组织和农民技术人员的农业技术推广活动。

（4）推广农业技术应当制定农业技术推广项目。农业劳动者根据自愿原则应用农业技术，向农业劳动者推广的农业技术必须在推广地区经过试验证明具有先进性和适用性。在农业技术推广中给农业劳动者造成损失的，应当承担民事赔偿责任，并对直接负责的主管人员和其他直接责任人员可以由其所在单位或上级机关给予行政处分。

（5）国家农业技术推广机构推广农业技术所需的经费由政府财政拨给，因此，国家农业技术推广机构向农业劳动者推广农业技术（以技术转让、技术服务和技术承包等形式提供农业技术的可以有偿服务）实行无偿服务。

（6）农业技术推广机构、农业科研单位、有关学校以及科技人员，以技术转让、技术服务和技术承包等形式提供农业技术的，可以实行有偿服务，其合法收入受法律保护。进行农业技术转让、技术服务和技术承包，当事人各方应当订立合同，约定各自的权利和义务。

（7）国家逐步提高对农业技术推广的投入。各级人民政府在财政预算内应当保障用于农业技术推广的资金，并应当使该资金逐年增长。各级人民政府通过财政拨款以及从农业发展基金中提取一定比例的资金筹集农业技术推广专项资金，用于实施农业技术推广项目。任何单位不得截留或挪用用于农业技术推广的资金。

（8）农业技术推广机构、农业科研单位和有关学校根据农业经济发展的需要，可以开展技术指导与物资供应相结合等多种形式的经营服务。国家对上述单位举办的为农业服务的企业，在税收、信贷等方面给予优惠。

（9）农业技术推广行政部门和县级以上农业技术推广机构，应当有计划地对农业技术推广人员进行技术培训，组织专业进修，不断更新知识，提高业务水平。同时各级人民政府应当采取措施，保障和改善从事农业技术推广的专业科技人员的工作条件和生活条件以及待遇，保持推广机构和人员的稳定，在评定职称上应当以考核其推广工作的业务技术水平和实绩为主。

（10）地方各级人民政府应当采取措施，保障农业技术推广机构获得必需的试验基地和生产资料，进行农业技术的试验、示范，并保障推广机构的试验基地、生产资料和其他财产不受侵占。

（11）县、乡农业技术推广机构应当组织农业劳动者学习农业科学技术知识，提高应用农业技术的能力。有关部门和单位应当在农业劳动者应用先进的农业技术中，对技术培训、资金、物资和销售等方面给予扶持。

第四节　农业推广组织的类别与任务

农业推广组织是社会和政府为了推广农业技术、普及农业知识、发展农业生产而建立的由一定要素组成的、有特定结构的推广、教育、经营、服务等组织机构，这一类机构称为农业推广组织。

新中国成立以来，我国的农业推广组织体系由小到大不断发展壮大。20世纪80年代以后，在全国开展了以组建县级农业技术推广中心为主的基层农技推广服务体系的重建工作，有力地推动了我国乡、镇农技推广站和推广体系的建设与发展。随着我国市场经济体制的逐步建立和完善，农业推广组织也从单一的政府主导型推广体系，发展到了以政府推广组织为主，农民合作组织、农业科研教育部门、供销社、企业组织、有关群众团体、个体组织等各种社会力量共同参与的农业推广体系。

一、农业推广组织

围绕农业推广体系的建立，根据《农业技术推广法》，我国农业推广组织可分为两种类型：一是政府农业推广组织；二是非政府农业推广组织。

（一）政府农业推广组织

农业农村部（原农业部）系统、科委系统、教委系统、农用物质的生产与销售系统、金融信贷系统均参与农业推广工作，属于我国的政府农业推广组织，但是，农业行政部门主管、国家农业技术推广组织体系是政府推广组织体系的主体。

1. 中央农业推广组织

中央农业推广组织是指农业农村部负责设置的、具有综合性质的农业推广组织。1995 年 8 月，农业部将原有的全国农业技术推广总站、植物保护总站、土壤肥料总站和种子总站合并，组建了全国农业技术推广服务中心，直属农业部领导。全国农业技术推广服务中心是全国农业推广的龙头，指导并对全国农业推广工作行使着计划、组织、管理的职能。

2. 省级农业推广组织

省级农业技术推广组织是指设置在各省、直辖市、自治区农业厅下属的农业技术推广服务中心及相关组织，直接受省、直辖市、自治区领导，在全国农业技术推广服务中心的指导下，组织、实施本省、直辖市、自治区农业技术推广活动，指导地、市、州、县农业推广组织的工作。

3. 地市农业推广组织

全国各地市都设有农业技术推广中心（综合服务中心），在行政上受地市主管部门领导，业务上受省推广组织的指导。地市一级推广组织，在农业推广上起着承上启下的作用，他们上承省推广总站，组织内部的设置也与省级相对应，下达县农业推广中心，对其进行业务指导。

4. 县级农业推广组织

县级农业技术推广中心属于综合性的技术指导、管理和服务机构，属于县农业局和上级农业技术推广组织双重领导。由于县级农业推广组织是地方农业推广体系的核心，直接面对农民和农业生产，其职能主要是引进、应用、研究实用技术的直接推广、农业科技的普及培训和其他综合服务工作。近年来，中央和地方各级政府对于县级农业推广组织的改革和建设特别重视，进一步明确了基层农业推广组织的公益性职能，并致力于扶持县级农业推广中心的建设工作，充分发挥了县级农业推广组织的总体功能和各项农业技术的综合效益。

5. 乡镇级农业推广组织

乡镇级农业推广组织是以农业推广服务为主的基层业务组织。乡镇级农业推广组织为多专业结合，融技术指导、技术服务、经营服务于一体的综合服务机构，主要承担面向生产、服务农民的技术推广和社会化服务，其服务领域往往从技术指导拓宽到产前市场信息和物资供应、产后贮藏和保鲜加工及产品销售等，全方位为农民提供系列化服务，是农村社会化服务的重要力量。

（二）非政府农业推广组织

随着我国农业及市场经济的发展，各类教育科研单位、商业企业组织、农村合作经济组织、个体组织等也进入农业生产的产前、产中、产后服务领域和农产品的运输、贮藏、加工、销售等环节，成为农业推广工作的重要力量。

1. 教育科研农业推广组织

农业院校和科研部门是农业科研、教学的中心，具有学科齐全、人才聚集、信息灵通的特点，并且掌握大量最新科研成果、技术和农业知识。在与农民、农业生产相结合的过程中，农业院校和科研部门一方面可以加快科研成果和新技术的推广转化，另一方面在生产中可以发现新问题和新需要，促进科研、教育的发展。目前，农业教育、科研和推广相结合已经成为农业院校和科研单位的重要发展方向之一，同时也是我国农业推广体系的重要组成部分。

2. 企业农业推广组织

企业农业推广组织包括农业生产资料的生产、经营企业，农产品的运输、贮藏、加工、销售企业，以及直接参与农业生产经营与服务的企业。这类企业与农户常常形成"公司＋农户"或"公司＋基地＋农户"的利益共同体，采用贸工农一体化、产供销一条龙的经营模式，在生产经营活动中，带动和传播农业新知识、新技术、新产品，促进农民提高生产经营能力，为农业推广项目的开展提供配套支持。

3. 农民合作农业推广组织

近年来，我国农村合作经济组织不断发展壮大，涌现了一批具有一定经济实力和技术水平的合作组织，为农业推广提供了多样化的组织形式。这些农民自发组织、自主管理、自主经营的民办经营服务组织，在农村起到带头致富的作用，成为农业推广和社会化服务的重要力量，在推广普及农业科学知识、提高农民素质等方面起着非常重要的作用，是对国家农业推广体系的良好补充。另外，村级行政组织，在乡镇农技站指导下，选配有文化、有专业知识的农民技术员和专业户、示范户等，组成农民互助式农业推广组织。这些组织，直接联系千家万户，宣传农业知识，落实技术措施，带头引进新产品、采用新技术，为农民提供科技服务，帮助农民走向市场。

4. 个体农业推广组织

由农业科技人员、农民技术员及社会人员创办的各种经营服务性组织，主要提供信息咨询、技术辅导、生产资料、植物保护、动物防疫，以及种苗、种

禽、种畜等服务，开展技术培训、农产品运销、加工等经营活动。这类组织遍布城乡各地，体制灵活，贴近农民，了解市场，懂经营、会管理，是新成果转化、新技术扩散、普及农业知识的重要力量。

二、农业推广组织的工作任务

我国的农业推广，实行农业推广组织与农业科研单位、有关院校以及群众性组织、农民技术人员相结合的推广组织形式。各类推广组织在农业推广中的工作任务包括推广和服务两方面：一方面要把知识和技术传授给农民；另一方面要帮助农民解决生产和流通过程中遇到的困难和问题。

（一）政府各级农业推广组织的工作任务

政府各级农业推广组织主要承担农业推广的组织、计划、管理工作和社会公益性、非营利性农业推广项目。具体如下：

（1）贯彻执行中央对农业发展和农业推广工作的方针政策、法律法规。受同级人民政府委托，制定行政管辖区域内的农业生产发展和农村开发计划，参与制定农业推广的工作计划和规划，以及制定农业推广的规章制度，并组织实施。

（2）组织农业的专业培训，包括各级农业推广组织对所属推广人员的业务培训和推广方法的培训。农业科技培训是推广的有效方法之一，各级推广组织，尤其是乡镇一级的推广组织必须经常通过农民技术学校等渠道，培训农村基层干部、农民技术员和示范户以及广大农民，宣传普及农业科学技术知识，以提高农民的技术水平和参与市场竞争的能力。

（3）开展咨询，提供农业、信息服务，做好情报信息的传递。各级农业推广组织应当结合本地特点，引进与当地资源条件配套的适用技术，并通过示范教育等形式，向农业生产经营组织和广大农民提供技术资料和技术指导。同时，积极向农民介绍适用的农业信息和农产品市场信息，为农民提供产前、产中、产后服务。

（4）选定项目，制定技术规程，对确定推广的农业科学技术进行试验、示范，并对重大科技推广项目进行管理和组织实施。农业推广部门应当根据推广计划的要求，在推广区域内进行适应性试验，对确定推广的项目在技术性能和经济性能等方面进行实际观察，只有经过试验证明技术具有先进性和适应性的技术，才能向农民推广。在推广过程中，应当首先进行示范，使农民能够看到技术实施后的直接结果，能够掌握技术的使用方法。

（5）总结农业推广工作经验，进行适用技术成果的评定和技术标准的制定，组织开展学术交流。指导推广体系管理及推广服务工作，指导下级农业推广组织、商业企业组织、群众性组织和农民技术人员的农业推广活动。

农业推广组织的层次不同，其工作任务与要求也不相同。地市及以上各级农业推广组织以宏观规划、指导推广体系管理、技术成果总结、学术交流和情报传递为主；县级农业推广机构以新技术、新品种、新方法、新设备的引进、推广和培训、示范为重点；乡镇农业推广组织是由最基层的专职技术人员组成，他们直接落实推广项目的实施，指导农民使用新技术成果，总结农村生产经验。

（二）非政府农业推广组织的任务

非政府农业推广组织在政府各级农业行政管理部门指导下，充分发挥人员、技术、资金、信息上的优势，结合本单位实际生产经营活动，开展各种农业推广和经营服务活动。

1. 农业科研院校的工作任务

农业科研单位和农业院校要始终围绕农业的现代化建设，在科研选题、科研立项、专业设置、课程安排以致整个科研教学过程中，致力于促进农业生产水平的提高。农业科研教学单位应当主动适应农村经济建设发展的需要，积极开展农业技术开发和推广工作，加快先进技术在农业生产中的普及应用，积极开展有关农业技术推广的职业技术教育和农业技术培训，普及农业生产的专业知识，传授新品种、新方法、新工艺，传播市场信息，以提高农业推广人员自身和农业劳动者的素质，对已经完成的农业科技成果，积极创造条件，通过教学或推广等途径，努力组织实施。

2. 企业农业推广组织的任务

农业生产经营企业，应根据本单位的经营范围和资源条件，不断开发新产品，改进先进的生产工艺和生产方法，改良品种，提高产品质量，提高生产过程中的技术水平。同时，向社会广泛开展农业推广服务活动，利用本单位职工素质、技术水平比农民高的优势，通过向社会开展农业科技服务，或通过宣传、培训、示范等方式将自己的生产经营技术和农业生产的新产品、新方法辐射推广到周围的农村地区。

农业生产资料的生产、经营企业，农产品的运输、贮藏、加工、销售企业，在生产经营活动中，要积极开展信息咨询、技术服务、教育培训等推广活动，为农民提供产前、产中、产后全程生产经营服务，通过与村民委员会和村集体经济组织、广大农民结成各种紧密的利益关系，提高农民经济收益，促进乡村振兴与农业经济发展。

3. 农民合作组织的任务

农村合作经济组织、农民技术员、专业户、科技户、示范户是农业推广体系的基础，他们上联县乡（镇）农业技术推广站，下联千家万户，在先进适用的生产技术应用中对普通农民起着示范、带动作用，在政府农业技术推广部门的指导下，在村民委员会和村集体经济组织的推动、帮助下，向广大农民宣传和贯彻国家（或地方）发展农业的方针、政策和法律法规，宣传农业科技知识，落实农业推广机构制定的推广措施和技术措施，并通过技术指导、技术承包、技术咨询等方式为广大农民提供直接技术服务。在上级农技推广组织的指导下，办好农民技校，采取多种形式组织农民学习农业科技知识，交流先进经验。调查总结技术推广情况，分析存在问题，及时向上级推广部门反映新情况、新问题。

4. 个体组织的任务

农业科技人员、农民技术员及社会人员创办的各种经营服务性组织，在政府农业技术推广部门的指导下，开展各种生产经营、技术咨询服务，宣传农业科技知识，推广新产品、新技术，引进新品种、新成果，促进先进技术在农业生产中的普及应用。

三、国外农业推广组织

世界各国在发展农业的过程中，都很重视农业推广在农业现代化进程中的作用，从机构设置、管理体制上，根据各自国情，采取各种措施，促进农业推广组织的高效运作，把政府的农业发展政策、农业成果、市场供求信息等传播给农民，使之应用于农业生产。

（一）政府领导的农业开发咨询服务制

英国的农业推广组织主要以政府领导的农业开发咨询服务为代表。国家设农业开发咨询局，内设农业、农业科学、水土管理、园艺科学、推广开发等处。再将全国根据自然地理区划分为若干个地区，由农业开发咨询局领导，建立从中央到农户的信息网络体系，贯彻落实咨询工作的计划。全国推广委员会组织各地区交流信息和经验，每个地区设有推广开发组，组长是委员会的成员。各县设有由包括畜牧、园艺、农场管理、社会经济等方面的专家组成的农业顾问小组，组长参加上级会议讨论工作计划和部署，顾问则经常深入到下级讨论推广项目并进行实地指导与咨询。乡镇农业顾问是第一线的咨询人员，他们直接到农户家中了解情况和解答问题，组织农民开展讨论，指导专项课题的实施，通过各种手段推广本地区需要解决的技术问题，检查推广效果并进行评价。

（二）政府和农学院的合作推广制

美国的农业推广组织主要以政府和农学院的合作推广为代表。农业部下设合作推广局，负责制定联邦推广工作计划，审批涉及使用联邦资金的各州推广计划，拨付经费，并管理、督促计划目标的完成。州立大学农学院设推广办公室，并建有农业试验站和推广中心。其职能是根据有关制度和政策，制定州推广计划，进行推广人员的选择、培训和管理，管理推广经费，编写资料，同州内其他大学、农学院、研究单位加强联络工作。州大学推广办公室领导县推广办公室或推广站，各县的专职推广人员都是州大学的成员。县推广办公室或推广站的职能是结合本县的实际情况，制定长期或短期的推广计划并负责在全县实施。

（三）政府和农协双轨推广制

日本、荷兰等国家的农业推广组织以政府和农协双轨推广制为代表。这些国家的农业推广分为两个系统，一个是政府办的各级农业推广组织，另一个是农业协会组织或农场主协会组织。政府办的各级农业推广组织主要负责农业推广项目的确定、组织完善、活动指导、人员培训和资格考试、项目调查、资料收集等农业生产技术方面的指导。农协是农民或农场主自己的组织，有自己的推广人员，主要解决本农协成员共同存在的问题，包括农业生产销售、社会经济管理等项目。

（四）农会领导的农业推广制

丹麦的农业推广组织主要以农会领导的农业推广制为代表。全国由农民协会（农场主协会和小农户联合会）负责农业咨询和信息服务。中央设丹麦农业咨询中心，由60多名高级专家担任咨询人员；在各个地区由遍及全国各地的各级地方农协负责组织工作，制定咨询计划和开展咨询活动。地方协会较小，由两个协会联合制定咨询计划，并组织人员开展咨询工作。

（五）政府和农业生产者协会联合推广制

法国的农业推广组织主要以政府和农业生产者协会联合推广制为代表。由政府和农协联合进行全国的农业科技推广。在中央设有"全国农业开发协会"，由政府和农业生产者协会各派一半代表组成。国家把农业税交给协会用于推广事业，推广经费的80%由国家提供。推广工作以各种专业生产者协会的专业研究所为纽带，收集各研究所的研究成果，进行适应性试验，然后进行推广，具体推广工作由各省农会顾问负责。

（六）政府、农会、私人咨询机构并存的农业推广制

德国、瑞士等国家的农业推广组织主要以政府、农会、私人咨询机构并存的农业推广制为代表。德国的农业推广组织有政府的农业咨询机构、农场主协会的咨询机构、农业合作团体的咨询机构和私人咨询机构等。瑞士的农业推广服务体系比较健全，由国家推广机构、半官办机构和民间组织构成。

第五节　农业推广人员的作用与基本必备素养

农业推广人员是各级政府农业推广组织的工作人员，以及各类非政府农业推广组织内部人员，包括大学与科研院所、各类农业企业、农民合作组织内部从事农业推广工作和农业生产服务的技术人员、管理人员和市场营销人员。农业推广人员是农业推广活动的指挥者、组织者、承担者和实施者，是农业生产服务的提供者和参与者，是农业推广工作的骨干和支柱，是实行农业现代化的带头人。

一、农业推广人员的地位和作用

（一）农业推广人员的地位

农业推广人员在农业成果转化、农业技术开发和农业项目推广工作中处于主导地位。"三农"经济、乡村振兴、农业可持续发展必须依靠农业科研、农业教育和农业推广的紧密结合，充分发挥农业推广人员农业技术与成果"二传手"的作用，加快农业现代化发展的步伐。农业推广人员为农业生产提供各种社会化服务，随着农业向专业化、商品化、市场化、智慧化，尤其是电商化的不断发展，农民与社会及市场的联系日益广泛和紧密。由于我国农户生产规模小、农民组织化程度低，在市场化、电商化的过程中，农民不仅需要有明确而及时的信息指导和现代生产的经营管理知识，而且在从事商品生产过程中遇到的各种困难和问题，也需要农业推广人员和经营服务人员提供全面的服务和帮助。

（二）农业推广人员的作用

1. 纽带作用

推广人员的纽带作用，主要表现在：一是各种科研成果、先进技术、新工艺和新方法等需要农业推广人员先行认识、评价、消化与吸收，才能顺利地向农民、农村进行宣传、教育、引导、传递，否则成果就难以应用于农业生产；二是农民进行商品化、市场化生产过程中，推广人员提供各种社会化服务以及农产品的运输、贮藏、加工、销售等市场化服务，使农民与市场紧密地联系在一起。

2. 促进作用

一般来说，一项新的农业科研成果如果让其自发地在农民中扩散，其结果必然是速度慢、时间长、范围小、效益低。只有利用农业推广人员这一桥梁进行宣传、示范、指导，解决农民群众在应用新技术过程中出现的各种难题，才能将科技成果迅速转化为现实生产力，使潜在价值变成现实价值，从而产生巨大的经济效益和社会效益。

3. 创造作用

由于农业科研成果往往是在特定的自然条件和栽培条件下进行试验的结果，存在其局限性。因此，在推广过程中，必须要经过农业推广人员进行评估和论证，结合当地的气候、生态条件、生产条件和农民群众的接受能力，通过试验、示范，对成果进行修正、补充和完善，找出适应当地条件的最佳技术措施和管理方案以及在推广中应注意的问题才行。所以，农业推广人员对科研成果的这种再创造性劳动是新技术成果推广所必需的，也是农业推广工作的基本环节之一。

4. 教育作用

农业推广人员在提高农民素质、改变农民态度和行为方面具有不可替代的功能和作用。农民的文化素质和科学技术水平，通过农业教育和农业推广人员的宣传、教育、培训等可以逐步得到提高。而农民态度和行为的改变，其困难更大，所需时间更长，需要农业推广人员采用多种方法，考虑各方面的因素，从易到难，长期努力，才能使农民的行为有一定的改变。

5. 参谋作用

农业推广人员是政府部门和农业生产部门的参谋，国家和各级政府在制定农业方针、政策，进行农业规划时，应吸收农业科技推广人员参加，听取农业推广人员的意见、建议，采纳农业推广人员的措施和办法，使之更符合客观实际，更有利于组织实施。

二、农业推广人员的素质

农业推广人员的素质是指完成和胜任农业推广工作所必须具备的思想道德、身体素质、职业素养、科学技术知识以及组织教育能力的综合表现。农业推广人员素质的高低，决定着推广工作的进展程度，直接关系到我国推广事业能否健康发展。我国《农业技术推广法》中明确规定，农业推广机构的专业人员应当具有中等以上有关专业学历，或者经县级以上人民政府有关主管部门主

持的专业考核培训，达到相应的专业技术水平。随着农业现代化、智慧化的不断发展，对农业推广人员的技术水平、整体素养也有了相应提高。

（一）农业推广人员的个体素质

个体素质主要指个体的德、识、才、学、体的不同组合。随着农村产业结构的调整、新型农业的开发、乡村振兴战略的部署、农业生产的现代化与智慧化发展，农村和农业上要解决的问题也相对繁多且复杂。因此，要造就一大批立志农业科技推广事业，既有吃苦耐劳与奉献精神，又有农业专业知识和多媒体应用技术，还有一定组织能力、经营管理能力和实践工作能力，且擅长与他人沟通交流的技术人才。

1. 职业修养

农业推广的目的是促进农业、农村经济发展，尤其是在我国农村条件还比较艰苦、农民的科技文化水平还比较低的情况下，要把科技成果应用到生产中，更需要农业推广人员具有良好的职业修养和道德品质。

（1）实事求是，严肃认真。农业推广人员必须尊重事实，严肃认真，一丝不苟，对自己的科学见解和结论要进行严格的验证、客观的判断，并广泛征求意见；对他人的科学成果要认真分析、科学试验，并公正客观地作出评价。

（2）团结协作，善于共事。农业推广工作的目的在于使科学成果转变成现实生产力。因此，从推广工作本身来说，要求与多部门、多学科广泛结合和联系，需要推广人员有团结协作、善于共事的精神。

（3）不畏艰险，勤于探索。由于农业生产不仅受自然条件的制约，而且还受经济条件的影响。因此，农业推广工作面广、量大，情况十分复杂，尤其是在一线从事农业推广工作，任务重、生活艰苦，经常会遇到各种困难和障碍。这就要求农业推广人员要有强烈的事业心、坚强的意志，不畏艰险，勤于探索，勇于创新，不断推出新的推广方法和技巧，以适应农业生产的变化。

2. 知识结构

农业推广人员从事的是社会性服务工作，因而应具备与之相适应的农业科技和管理方面的学科知识，才能适应工作需要。

（1）农业推广人员应该具有系统的农学、植物保护、园林园艺、植物营养与施肥、养殖业、农产品加工与贮藏等学科的基础理论知识和基本专业技能，熟悉本专业的技术推广业务，了解其他相关专业的基本知识，同时还应研究和了解当地的自然条件、经济条件、技术条件、农业生产的现状和发展规划等基本情况。

（2）农业推广人员应熟悉并掌握国家有关农业推广工作的各项方针政策、

法律法规等，具有一定现代农业经营管理学、农业技术经济学、市场经济学、商品学、农村社会学等学科的基本知识，懂得市场经济规律及相关理论，了解农业生产资料的商品知识和性能，熟悉当地农村社会结构、社会组织、社会生活和经济活动等基本情况，有较丰富的农村社会生活和农业推广经验。

（3）农业推广人员应具有教育学、心理学、教学法、计算机、现代传媒学等学科的基本知识，要掌握推广教学的特点和农民学习的特点，能够利用各种现代传媒工具，针对农民的不同需要，采用相应的推广方法和传播策略。

3. 能力体系

农业推广工作人员的能力要求包括观察分析能力、独立工作能力、组织协调能力和沟通表达能力等。

（1）观察分析能力是推广工作的基础，农业生产技术的引进、试验、示范和推广的各个阶段都离不开观察。只有通过调查了解和观察分析才可以发现新技术在农业生产中存在的问题，通过综合分析、比较和分类，才能对事物作出正确的判断，为解决新技术的推广和农业生产的实际问题提出可靠的依据和解决方案。

（2）独立工作能力则是要求农业推广人员在生产第一线，能够单独开展工作，有较强的独立思考能力和实践动手能力；既要具有丰富的技术知识，还要有一定的生产经验，能够解决生产中的实际问题；不但能讲会说，而且还能示范操作，通过言传身教，把技术教给农民。

（3）组织协调能力是要求农业推广人员能针对不同地区和不同对象，充分整合和利用各个部门、各个单位和各社会团体的组织优势、技术优势和资源优势，综合运用各种不同的农业推广方式、方法向群众进行新成果、新技术的推广和传播。农业推广人员通过为农业生产提供全面的社会化服务，参与农产品的运输、贮藏、加工、销售等环节，组织农民开展商品化、专业化生产，走向市场，参与市场竞争。

（二）农业推广人员的群体素质

群体素质主要指不同素质的农业推广人员的组合方式，群体素质包括群体的专业、能级、年龄、知识和能力结构等。了解推广人员的群体素质，目的在于建立优化的人员结构，获得人才群体的最佳整体效益。

1. 专业结构

专业结构是指从事农业推广的各类专业人才的合理比例，如种植业、林业、畜牧业、渔业、农机、农田水利、农产品加工、经营管理、经济贸易和乡镇企业管理等专业人才的比例。专业人员结构是动态概念，它是随着农村产业结构的调整而发展的，但在一定时期这种结构又有相对的稳定性。由于农业推广人员在农业生产第一线从事农业技术推广，为适应农村商品经济和农业多种经营的发展，从农业现代化的总体要求出发，推广人员群体的各类专业人才之间应保持一个较为合理的比例和基本数量。这种比例关系的确定，从横向来看，要根据不同地区、不同经济条件、不同自然生态条件等因素综合考虑；从纵向系统看，它同时还要考虑不同的管理职能对人才的具体要求，如省、县、乡各级农业推广部门的人才群体的要求就应该有所差异。在上级农业推广部门，宏观综合农业推广和宏观管理决策的人员应多一些；而在基层农业推广部门，实际操作能力强、一专多能的"通才"型人员应多一些。

2. 能级结构

能级结构是指各层次农业推广人员的合理比例，即从事农业推广工作的初级、中级、高级农业技术人才三者之间的合理比例。一般说来，高级推广人才要求能掌握本学科的最新发展动态和技术路线，能提出本地区、本行业生产方面新技术的推广计划，考虑和设计农业技术发展战略，解决关键性的新技术等。中级推广人才，应具有独立处理专业范围内技术问题的本领，能较好地掌握、运用本专业的知识和推广手段，具有指导初级推广人员的能力。初级推广人员则要求能迅速理解并领会高、中级推广人员指导的意图或技术要领，能熟练地掌握有关专业技术操作技能，具有脚踏实地地开展农业推广工作的实干、苦干精神等。目前，我国中、初级农业推广人员，尤其农业生产第一线的初级人才队伍有待进一步充实壮大。

3. 年龄结构

年龄结构是指各类年龄区间人员在推广群体中所占的比例。虽然在不同的部门、不同的专业和不同的推广层次，老、中、青三者的比例会有所不同，但从农业推广工作的继承性来说，都应坚持承上启下和老、中、青结合。因为不同的年龄结构，反映的不仅仅是年龄的差别，更重要的是能力、知识、阅历、身体、心理素质等方面的差异，老、中、青三者相互结合将会产生一种互补效应。而且，推广群体有一定的年龄档次，也比较有利于管理。因此，农业推广部门必须采取切实有效措施，及时培养、补充人才，促使农业推广人员的年龄结构趋于合理。

4. 知识结构

知识结构是指农业推广人员个体知识和群体知识的合理组合。现代农业是一项系统工程，农业生产过程是自然生产过程与经济生产过程的结合，受到自然规律和经济规律的双重影响。随着农业生产从资源密集到技术密集的转变和人工智能、多组学、材料学等交叉关键核心技术在农业生产中的广泛应用，致力于人才培养、技术配套、信息处理、系统管理，从单项技术的应用转向各项技术的综合应用，已成为农业推广组织适应农业发展的一件大事。因此，一个合格的农业推广人才个体与群体，应形成一种既掌握农业推广所需的专门技术知识，又掌握与此相关的学科知识以及与农业推广工作有关的开发、经营管理、人文社会科学知识的结构体系。

5. 能力结构

能力结构是指各种能力的合理组合。由于能力是推广人员的十分重要的智能因素，所以一个好的推广人员个体和群体，必须具备多种能力。能力和知识是相辅相成的，知识越丰富，运用起来越得心应手，能力也会提高。农业推广组织也应是一个"学习型"组织，应推动农业推广人员在实际推广工作中，不断学习、运用知识，建立完善的知识体系，从而构筑合理的能力组合，这样才能有效地开展农业推广工作。

目前，我国农业技术推广人员的素质有待提高，特别是由于机构、人员编制等原因，许多乡镇农业技术推广站的不少人员一定程度上缺乏农业技术知识和推广技能。因此，必须提高各级推广队伍的个体和群体素质，可以通过选拔和任用以及岗位培训等进行科学化管理，建立一支有足够数量、能级合理的农业推广队伍，主要措施还需要从农业高等院校着手，培养一批农业生产中留得下、待得住、能吃苦、肯奉献，且农业技术技能强、整体综合素养高的农业推广人员。

第六节 农业推广工作的原则

农业推广的效率、效益、效果直接反映了农业推广工作对"三农"经济效益、乡村振兴及社会发展的贡献，因此农业推广不能盲目进行，应当遵循下列原则：

一、有利于农业的发展，尊重农业劳动者的意愿

农业推广工作，要从农业生产实际出发，既要考虑生产所需，又要考虑是否具备推广所需条件，从和美乡村、农民增收致富角度出发，针对当前农业生产的主要技术障碍或限制因素，有的放矢地选择、推广科技成果，使推广工作目标与农民需求相统一。在乡村振兴战略、和美乡村建设的新形势、新任务、

新要求下，我国农业技术推广工作正逐步构建起以国家农业技术推广机构为主导，农村合作经济组织为基础，农业科研、教育等单位和涉农企业广泛参与，分工协作、服务到位、充满活力的多元化基层农业技术推广体系。

同时，《农业技术推广法》第二十条也明确规定：任何组织和个人不得强制农业劳动者应用农业技术。强制农业劳动者应用农业技术，给农业劳动者造成损失的，应当承担民事赔偿责任，直接负责的主管人员和其他直接责任人员可以由其所在单位或者上级机关给予行政处分。

二、因地制宜，经过试验、示范

因地制宜是指农业推广项目的选择、引进，推广方法的运用等都必须从当地的实际情况出发，使推广项目和推广方法等都能符合当地的实际情况。农业推广工作能否做到因地制宜，直接影响着推广工作的效率、效益和效果，乃至农业推广工作的成败。

农业推广工作要做到因地制宜，就应根据不同的生态类型区，不同的作物布局特点，不同区域的经济发展水平，以及不同的生产条件和农民的科技文化素质与对新技术的接受能力等，推广相应的农业科技项目。在丰水地区可以推广水稻种植技术，而在干旱缺水地区则应推广节约用水的旱作农业技术；同是麦区，在寒冷地区应推广冬性品种，而在暖冬地区则应推广半冬性乃至春性品种；同是棉区，在低纬度无霜期长的地区可推广夏播棉，而在高纬度无霜期短的地区只能种植春播棉等。此外，各种推广活动还要考虑当地风俗习惯和文化传统，任何地方，即使是在同一个县、乡之内，其风俗、习惯也不尽完全相同。所以，只有因地制宜，才能使农业推广工作更具有针对性和可行性，提高其推广效益和效果。

农业推广工作也是一项严肃的科学事业，来不得虚假和疏忽，否则，就会给推广工作带来不良影响和后果。一项新的农业科技成果，并非在任何地方或任何情况下都特别适宜，如果盲目引进和推广，就有可能失败，从而造成难以挽回的损失，因此，必须坚持试验、示范，然后推广的农业推广工作基本原则。

农业科技成果通过试验、示范，再进入生产领域，是新技术在更大范围内接受检验和技术进一步完善配套的需要；也是推广人员熟悉科技成果，获取实践经验的需要；更是树立样板，向群众宣传、示范，扩大影响，使农民心服口服并乐于采用新技术的需要；还是农民群众应用科研成果时，少走弯路，避免或降低风险的必要步骤。

三、公益性服务与经营性服务相结合

我国实施公益性服务与经营性服务相互结合、相互补充的农业推广体系。《国务院关于深化改革加强基层农业技术推广体系建设的意见》中提出，基层农业技术推广机构承担的公益性职能主要是：关键技术的引进、试验、示范；农作物和林木病虫害、动物疫病及农业灾害的监测、预报、防治和处置；农产品生产过程中的质量安全检测、监测和强制性检验；农业资源、森林资源、农业生态环境和农业投入品使用监测；水资源管理和防汛抗旱技术服务；农业公共信息和培训教育服务等。国家为农业推广机构公益性服务职能的资金提供保障，要求各级地方财政将公益性推广机构履行职能所需经费纳入财政预算。国家积极稳妥地将农资供应、动物疾病诊疗、农产品加工及营销等服务，从基层公益性农业技术推广机构中分离出来，实行市场化运作。凡核心技术不易流失、利润高、市场需求量大的技术产品，都由农业技术经营服务组织去推广普及。鼓励各种其他经济实体依法进入农业技术服务行业和领域，参与经营性农业技术推广服务实体的基础设施投资、建设和运营。积极探索公益性农业技术服务的多种实现形式，鼓励各类技术服务组织参与公益性农业技术推广服务，对部分公益性服务项目可以采取政府订购的方式加以落实。

四、多元推广主体，以服务农民为本

农业推广工作社会性强、覆盖面宽、需求多样化，仅靠农业推广机构和农业推广工作者远远不能完成农业推广工作任务。我国积极支持农业科研单位、教育机构、涉农企业、农业产业化经营组织、农民合作经济组织、农民用水合作组织、中介组织等参与农业技术推广服务，逐步形成多元主体的基层农业推广体系。鼓励以上团体通过技术承包、技术转让、技术培训、技物结合、技术咨询等服务途径，采取科技示范场、科技博览会、技物结合的连锁经营、多种形式的技术承包等推广形式，服务我国农业发展。农业推广内容要全程化，既要搞好产前信息服务、技术培训、农资供应，又要搞好产中技术指导和产后加工、营销服务，通过服务领域的延伸，推进农业区域化布局、专业化生产和产业化经营。要规范推广行为，制定和完善农业技术推广的法律法规，加强公益性农业技术推广的管理，规范各类经营性服务组织的行为，建立农业技术推广服务的信用制度，完善信用自律机制。最终实现农业推广从"技术为本"转变为"以人为本"，根据农民各方面实际需求，开

展全方位的推广服务。

五、讲求农业生产的经济效益、社会效益和生态效益

农业推广讲求农业生产的经济效益、社会效益和生态效益，并使三者协调发展，实现整体效益最佳。

经济效益是指生产和再生产过程中劳动占用和劳动消耗量相同时所得到的劳动成果的比较。农业推广的经济效益一般从三个方面来体现：一是看推广后的单位收益，如单位面积收益、单个畜禽的收益以及单位推广投入经费的收益等，单位收益越高，经济效益就越高；二是看推广应用的范围，在单位收益相同的情况下，推广的面积、数量越大，范围越广，经济效益就越大；三是看推广应用的速度，对于适宜大范围推广的技术，在单位收益相同的情况下，推广应用的速度越快，经济效益就越高。

社会效益是指农业推广工作要有利于提高社会生产力，能不断满足国民经济发展、人民物质生活和精神生活的需要，不断地改善社会生活环境，提高广大农民的科学文化素质等。

生态效益是指农业推广工作的开展，要有利于保护生态环境，维护生物与环境间的动态平衡。不仅要考虑当年的效益，而且要考虑长远效益，克服短期行为。因此，在农业推广活动中，一方面要利用和改造生物本身，使其能满足人类的需要；另一方面要努力改造、利用和保护环境，使其更好地满足生物的需要，创造一个高产、优质、低耗、绿色可持续的农业生产系统和一个合理、高效，物质与能量投入和产出又相对平衡的农业生态系统。

六、强调开发农民的智力

坚持智力开发原则，是指农业推广工作必须着眼于开发农民的智力，提高他们的科技文化水平和对科技知识的吸收、运用能力。要求农业推广工作者做好以下两点：①通过与农民交流，提高农民的知识和技能，改变农民的观念和行为，提高其科技文化素质，进而达到增产增收、改善生活、促进农业经济发展的目的。②尊重农民接受和采用新技术的自主决策权。农民有权对自己的经营做出决策，有权采用某种新技术，也有权拒绝采用某种技术。推广工作者的责任，是向农民传播新的知识、技术和信息，而不是代替农民决策，迫使农民去做，因此，从根本上说，要创造条件改变行政命令式的推广方法为教育式的推广方法，要充分发挥推广人员对农民的教育和指导作用，并要让农民参与推广计划的制订及对推广工作的评价。

第七节　农业推广工作的程序

农业推广程序是农业推广内在规律所要求的按顺序进行的基本工作步骤，它是推广原则的具体运用。农业推广程序虽然没有被规范为几个阶段或步骤，但在我国长期的推广工作实践中，正、反两方面的经验证明：试验、示范、推广是农业推广程序的核心。随着农业科技不断推陈出新，为使一定量的人、财、物发挥最大的效益，必须按照当地的生产条件和推广工作经验，对计划推广的农业技术进行筛选推广，并对推广的农业技术效益进行评价，从而形成了农业推广的基本程序：筛选立项、试验、示范、推广、评价。

一、筛选立项

推广者筛选的农业技术项目主要来自科研单位、企业研发机构、教学单位研究的新成果和国外技术引进、援助项目，多以专门技术为主；还有来自农业生产者的成功经验、总结，它的适应性和综合性一般较强；另外，还有生产上的突发问题，如检疫对象的出现等，需要推广单位不必筛选就给予重视和解决。

选择农业技术，首先要广泛收集农业技术信息；其次要根据农村建设需求、地方政府的政策目标，因地制宜地针对"三农"问题，选择技术上先进、生产上可行、经济上合算、不破坏生态环境、与国际标准及需要接轨的农业技术项目进行推广。具体要考虑五个方面的问题：

（一）生产的可行性

即要考虑技术产生地区的生态条件与要推广地区的生态条件的差异大小和以前在这方面有无成功的先例。

（二）技术的可行性

即引入的农业技术和原有的种植制度是否合拍，增加的投入农民是否能够承受，增加的劳动量是否在劳动力需求较高的季节或时期能得到满足。

（三）与基层社会化服务组织的和谐性

即对采用农业技术时要投入的生产资料或生产出的产品，这些组织是否愿意出售或收购，是否能优质优价、实现农民增收。

（四）社会文化的可接受性

即农业技术的采用是否符合推广地区农民的社会文化习惯。

（五）保护环境，获得较好的生态效益

对初步中选的农业推广项目，要广泛征求专家、研究人员、其他推广人员、经营管理人员和农业劳动者的意见，根据他们反馈的意见，淘汰那些大家认为应用前景不大的农业推广项目，对中选的农业推广项目，按照它们在生产中的预期效益，应用的范围和需求程度，推广需要的人、财、物条件等，依次排列编入试验计划。

二、试验

开展试验的目的是验证农业技术或推广项目的真实性，探讨其在推广地区的可行性、适应范围及与现有其他条件的和谐性和综合配套效果。这是因为各项技术都是在特定的自然、生产条件下形成的，而农业生产的地域性强，使农业项目的通用性受到限制。因此，在农业项目推广前，必须进行试验验证，并根据生产实际进行改进、改型和综合配套。综合配套是对原技术、原项目的重大改进，是以对生产发展影响最大的技术或项目为主体，其他技术或项目作为配合，使其有机结合起来，形成完整体系。

农业技术试验可分为五个步骤实施：

（一）选择试验地

选择试验地要根据某一技术在筛选阶段拟定的推广区域和适宜范围来确定。把推广区按照生态和社会经济条件划分成不同的小区，然后在各小区内选择能代表本小区条件的地点，实施试验。

（二）设计实施试验

这是试验阶段的关键一步。通过设计对比试验，以现在应用的同类技术作对照，鉴定新技术的优劣、适宜范围和条件。在对比试验做出肯定的结论后，进一步进行综合试验，将该技术与其他不同来源的技术组装成系列技术；与单项技术组装成为配套技术；与不同专业领域技术组装成综合技术。这样可以使有关技术相互促进，提高经济效益和对农民的吸引力，推广起来更为容易，也符合农业生产的整体性，起到事半功倍的效果。

（三）调查收集有关数据资料

在试验前后要采取土壤样品，测定要求的土壤理化指标；试验中要在田间调查和室内分析生物性状指标及产量；试验后要从附近的气象站收集试验期间的气象资料，在市场了解试验对象的产品价格以及参与试验的农民和附近农民的意见和看法。

（四）分析试验结果

用统计方法分析产量结果，以评价生物可行性；测算试验田经济效益，以评价经济可行性；收集试用农民的反馈意见，以评价技术可行性。

（五）结果表述

试验阶段一般要进行 2～3 年，试验结束后要给试验的技术下结论，即肯定或否定。如果是否定的，要分析原因，避免让其他技术人员重蹈覆辙；如果是肯定的，要在地图上绘制或用文字表达出技术的适宜范围，并拿出这一技术的系列技术、配套技术或综合技术示范方案，在有关杂志上发表试验结果，撰写内部信息，上报有关领导，以取得他们对推广工作的支持。

三、示范

示范是在科技人员的指导下，利用农民的生产条件，将组装配套的技术，由农民在自己的地里进行应用。田间示范可设对照，以显示新技术的价值，也可不设对照。

（一）对技术进行示范的基本要求

（1）只有经过当地试验证明结果可靠、产量稳定、能够增加农民经济收入的技术，才能进行示范。

（2）示范项目要同农民的目标一致，少花钱，见效快，收益高，这样农民才会对技术感兴趣，才有推广价值。

（3）示范要有计划，包括要解决的问题、完成的目标和主要的技术措施，要收集的数据和记载、检测的标准。

（二）示范阶段的主要工作任务

（1）寻找当地的合作伙伴。要得到当地行政领导的支持、农民和科技人员的协作配合，选择合适的科技示范户，使其自然、经济条件能代表当地平均水平，其田块地力均匀、交通方便，以便于田间指导和观摩示范田，最好连片种植。

（2）培训示范户和当地的科技人员。通过培训使他们明白技术具体措施的操作方法和关键技术环节，在生产过程中技术应用的关键时期，要进行巡回田间指导。

（3）在作物即将收获或技术优越性表现最充分的时候，组织召开由行政领导、科技人员和农民参加的田间示范观摩活动，向农民、推广者和行政领导介绍农业新技术的优点和特点。

（4）调查收集产量数据，计算评估单位面积的增产、增收幅度；调查收集

农民的反馈意见及对技术的改进建议或不应用的原因；调查市场情况，了解在大面积推广该技术后，产量是否增加，产品价格是否下跌，市场销售是否不畅；最后进一步修订技术措施，作出推广决策。

四、推广

推广是技术的传播扩散阶段，也是技术由潜在生产力转为现实生产力、实现其效益的阶段。一项新技术一旦由推广单位和科技人员做出推广的决定，就要争取推广地区政府和农业行政部门领导的支持，申请将推广的技术列入当地农业推广计划，获得推广经费，组织推广队伍，根据推广技术的具体要求，采取相应的推广方法，组织教育培训，并为推广技术提供经营服务支持，使技术尽快推广普及。

（一）推广方法

农业推广方法选择是否恰当，直接影响推广效果。因此，要对各种方法进行认真分析，掌握其特点，然后根据推广对象的内容和特点，选择恰当的推广方法，才能取得良好的推广效果。农业推广的方法按照传播方式分为三大类：大众传播法、集体指导法和个别指导法。

（二）教育培训

教育培训是针对农业新技术使用对象，开展技术指导、传授新技术的过程，其目的是使农民群众对新技术的适用范围、操作方法、注意事项等有一个全面地了解，便于农民尽快掌握新技术。教育培训除了要研究农民对技术的需求，了解农民对科技的吸纳能力外，更重要的要研究教育培训的方式方法，促使农民顺利掌握新品种、新技术、新方法，提高科技普及推广的成功率。

教育培训方式要根据农业推广工作的具体特点，应用专题讲座、走访宣传、电影、电视、广播、手册、科普挂图，以及互联网新媒体等多种方式进行，在时间安排上不误农时。

（三）经营服务

一般体现农业新技术的新产品、新农药、新肥料、新机械等在推广的同时，需要配套的经营服务。产前为农民提供信息服务，提供物资供应经营服务；产中开展项目技术指导等生产管理服务；产后提供经营销售服务，推广贮藏、加工、保鲜技术。

五、评价

当一项新技术推广应用到适宜推广面积的 1/3～1/2 时，主要技术措施已被推广区大多数农民所掌握，也就标志着新技术已转化为常规生产技术，推广工作基本结束。这时应及时、全面、系统地从推广工作、技术和效益方面对这项技术推广进行评价。

对推广工作的评价，主要是对推广中采用的方法和采取的组织措施等方面进行总结和分析，以利于改进今后的推广工作，不断提高工作水平。

对技术的评价，主要是对技术的适用性、先进性进行分析，提出带有倾向性或预见性的问题，作为推广单位自身进行研究开发的项目，丰富和发展原有的技术成果，形成更加完善的技术改进措施，或者把问题反馈给科研单位，提高科研工作的针对性和成果转化率。

对效益的评价主要是对经济效益、社会效益和生态效益的评价。

以上评价首先是项目参加人进行自我总结评价，然后邀请有关专家进行田间验收、评价和鉴定，鉴定通过后，可以申报推广成果奖。

综上所述，农业推广程序的筛选立项、试验、示范、推广和评价，各阶段既不能分开，也不能违反顺序。在试验、示范过程中发现了问题，可以反馈给原项目单位进一步研究解决，有的还需立项继续研究。与此同时，推广单位也可开展研究，丰富和发展原有科技成果，表现出推广过程的创造性。由于农业技术的不断更新，农业推广程序各阶段是不断循环、往复开展的，正是这种循环往复，才能不断提高农业技术水平和农业生产水平。因此，在推广一项技术的同时，必须积极引进和开发更新、更好的技术，以便取代正在推广或已推广的技术，以始终保持农业推广工作的活力。

第 二 章

建立农业推广资源库

本章学习目的

　　农业，一直以来在社会发展、人类进步方面起着极其重要的作用。当前，从中华民族伟大复兴战略全局看，农业依然是关系国计民生的根本性问题。所谓：强国必先强农，农强方能国强。强国、强农、兴农，需要农业科技成果的强力支撑，需要政策法规的大力支持，也离不开涉农信息的更新引导。因此，一名新时代合格农业推广人员，需要随时随地对农业领域的新信息，农业科研单位创新研究的新技术、新产品、新品种、新工艺等科技成果，以及农业生产实践中改进的新经验、新方法等进行收集、整理、分析、分类，建立农业推广资源库，为农业推广工作的有效、顺利开展提供保障，打好基础。

探究学习

1. 农业推广的范畴。
2. 农业推广资源库的主要构成。
3. 农业创新与农业科技成果的特点。
4. 农业科技成果转化的注意事项。
5. 收集整理我国农业科技成果。

参考学习案例

1. 我国农业科研人员的科研成果。
2. 农业农村部发布《国家农作物优良品种推广目录》。
3. 第 29 届杨凌农高会开幕"三大展"全方位展示农业科技新成果。
4. 农业农村部发布"十三五"农业科技标志性成果。

第一节　农业推广范畴

农业推广的内容具有广泛性、地区性、先进性和实用性等特点。随着科学技术的进步和农业生产的不断发展，农业推广的内容也在不断发生着变化。广义地说，凡是对"三农"，包括农业生产、农村生活、农村环境、农民素质与观念等方面有促进作用的知识、技术、方法、经验，都是农业推广的内容。这些内容，与当时当地的农业生产水平、农村生活条件、农民需要内容、经济文化发展状况及生态地理条件、农业推广工作有密切联系，并随着上述因素的发展变化而产生相应的变化。因此，农业推广工作在不同国家、不同地区、不同时期有不同的具体内容。

一、国外农业推广的内容

西方发达国家的农业推广不单纯是指农业技术推广，还包括教育农民、组织农民以及改善农民实际生活等，属广义的农业推广范畴。主要包括以下内容：

①有效的农业生产指导；

②农产品运销、加工、贮藏指导；

③市场信息和价格指导；

④资源利用和环境保护；

⑤农户经营和管理计划的指导；

⑥家庭生活指导；

⑦乡村领导人的培养与使用指导；

⑧乡村青年的培养与使用指导，进行"手、脑、身、心"的健康教育；

⑨乡村团体工作改善指导；

⑩公共关系指导；

⑪通过有意识地信息交流和影响来帮助人们形成正确的观念和行为规范，做出最佳决策。

二、我国农业推广的内容

我国农业推广的内容，由于社会制度、行政体制、科技水平和生产力发展阶段与国外发达国家不同而具有自身的特点。

《农业技术推广法》对我国农业推广内容规定为：应用于种植业、林业、畜牧业、渔业的科研成果和实用技术，包括良种繁育、施用肥料、病虫草鼠害防治、饲料加工、栽培和养殖技术，捕捞技术，农副产品加工、保鲜、贮运技术，农业机械技术和农用航空技术，农田水利、土壤改良与水土保持技术，农村供水、农村能源利用和农业环境保护技术，农业气象技术以及农业经营管理技术等，属狭义的农业推广范畴。近年来，随着我国农业推广体系的改革建设，进一步要求从以服务农业生产为主的农技推广，逐步转变为农业生产、农民生活、农村生态提供综合服务的农技推广；从以技术为主线的农技推广，逐步转变为以产品为主线的农技推广；从以提供生产技术服务为主的农技推广，逐步转变为提供生产技术、优质农资、综合信息等系列服务的农技推广。

综合当前我国农业推广工作情况，技术推广内容主要包括以下几个方面：

（一）植物生产

粮食作物、经济作物、园艺作物、饲料绿肥作物、药用植物等植物栽培以及土壤耕作和管理，种子繁育生产技术、水土管理、施肥技术、新农药和生长调节剂的安全使用，病、虫、草、鼠害的防治技术，产品收获、加工、贮藏、保鲜、包装技术及相关知识等。

（二）动物生产

役用、肉用、奶用、皮用、毛用、宠物等不同家养动物，以及野生动物、特产动物等（如畜、禽、蜂等）的饲养管理与繁殖技术，饲料生产、防疫和疾病防治、产品加工贮藏等技术及相关知识。

（三）微生物生产

微生物的繁殖，菌种与菌类的生产管理，病虫害防治及加工、贮藏、保鲜等技术及相关知识。

（四）渔业生产

海水、淡水（池塘、流水、稻田、水库）水产品的养殖、防病和饲料加工技术，产品加工、贮藏技术及相关知识。

（五）林业生产

树木（包括用材林、薪炭林、经济林、观赏林、药用、木本油料、花果树）的选种、育苗、造林、管理和林产品加工利用技术及相关知识。

（六）农产品营销

国内外农产品市场信息、农业生产资料价格行情及趋势、农产品流通渠道、期货价格行情、农产品营销途径及策略等相关知识。

（七）经济管理

农业成本核算，经济效益评价，农业会计，农业金融、信贷、税收、保险，农业合作，农村经济政策与法规等相关知识。

（八）农业资源开发利用

农村资源调查及开发利用，农村开发评价，农村规划，和美乡村建设，农村环境改善，乡村旅游，休闲农业，非物质文化遗产传承。

（九）农村自然资源保护

土地管理，环境与生态保护，自然资源利用和评价，环境管理的技术和知识等。

（十）农业机械

农业机械的性能、使用、维修、保养、监理、节能技术及国家财政补贴等相关知识与政策。

（十一）农村能源开发利用

速生树木、小水电、风力、太阳能、生物能、节能灶等生产利用技术。

（十二）农村家庭管理

农家记账、家庭副业生产与管理、粮食保管、仓库防霉、防虫、防暑、食物营养、劳动保护、饮食和环境卫生、家庭计划等相关知识与技术，我国农村劳动力转移外出务工技术培训及有关国家政策和相关知识。

第二节 收集农业推广信息与建立农业推广资源库

农业信息是反映和农业有关的各方面客观事物表征的一种资源，凡是与农民相关、与农业推广范畴内推广内容相关的农业、科研、教育、推广、管理以及产、供、销等活动，统称为农业信息。

农业推广信息的用户涉及普通农民，种养大户和农民经纪人、各类农民专业合作组织、农村基层组织、涉农企业，以及农业推广、教学、科研和行政管理等机构的有关人员。

一、农业推广信息的种类

（一）农村政策信息

农村政策信息包括与农业生产和农民生活直接或间接相关的各种国家和地方性政策，法律、法规、规章制度等。

（二）农村市场信息

农村市场信息包括农产品储运、加工、贸易与价格、生产资料及生活消费品供求和价格等方面的信息。

（三）农业资源信息

农业资源信息包括各种自然资源（如土地、水资源、能源、气候等）和各种社会经济资源（如人口、劳动力等）以及农业区划等方面的信息。

（四）农业生产信息

农业生产信息包括生产计划、产业结构、作物布局、生产条件、生产现状等方面的信息。

（五）农业经济管理信息

农业经济管理信息包括经营动态、农业投资、财务核算、投入产出、市场研究、农民收入与消费支出状况等方面的信息。

（六）农业科技信息

农业科技信息包括农业科技进展、新品种、新技术、新工艺、新经验、新方法等。

（七）农业教育与培训信息

农业教育与培训信息包括各种农业学历教育和短期技术培训的相关信息。

（八）农业人才信息

农业人才信息包括农业科研、教育、推广专家的技术专长，农村科技示范户、专业大户、农民企业家的基本情况及工作状况等。

（九）农业推广管理信息

农业推广管理信息包括农业推广组织体系、队伍状况、项目经费、经营服务、推广方法运用和工作经验及成果等。

（十）农业自然灾害信息

农业自然灾害信息包括水涝旱灾、台风雹灾、低温冷害、病虫草害、畜禽疫病等方面的信息以及农业灾害信息预警系统建设和减灾、防灾信息。

二、农业推广信息的来源

农业推广信息来源广泛，可以来自文献资料、报纸杂志、电视或网络，也可以来自政府和主管部门、市场或咨询机构、企业和农民群众。

（一）政府涉农机构

政府涉农机构主要拥有国家的农村政令、科技计划、法律法规、管理条例等方面的数据与资料。政府网站提供的信息也具有权威性。

（二）农业科研机构

农业领域的科研成果、各种涉农的内部专业技术资料广泛分布在各级各类科研单位，该类来源是农业推广科技信息来源的稳定渠道。

（三）与农业相关的高校和学术团体

与农业相关的高校和学术团体除了拥有与农业科研机构类似的数据资料外，还包含具有更高学术价值的农业教育和文化等方面的信息。

（四）图书馆

图书馆藏书丰富而且系统性强，拥有适合不同层次及不司专业领域用户的书籍。

（五）涉农图书

农业科技图书内容丰富，具有一定的价值，如农业科技专著、农业科普读物、农业教科书、农业工具书等。

（六）涉农杂志社和报社

农业科技报刊能及时报道最新的农业科技成果及农业新技术、新方法、新理论，是农业科技文献的主要类型，而且杂志社和报社也拥有一定的农业标准以及农产品、农村市场等方面的实时信息。

（七）农用生产资料说明书

在各种农业博览会、展销会、交易会以及技术市场上，常常可以看到新品种、新化肥、新农机等产品都配有说明书。

（八）专利文献

专利文献种类繁多，图文并茂，具有权威、详尽、具体、可靠等特点。

（九）互联网信息

各级政府机构、农业推广部门、高等院校、科研院所、民间协会、企业或个人创办的各类农业推广信息网站，信息量大，种类繁多，更新速度快，也是信息发布和检索的重要媒体和工具。

三、农业推广信息收集的方法

农业推广信息可以通过以下几种方法进行收集。

（一）查阅法

通过查阅各种报纸、杂志、通讯、文件、年鉴等获取信息。

（二）视听法

通过广播、电视、录像、电影、互联网新媒体等获取信息。

（三）观察法

带着问题到实地调查研究和考察，取得第一手材料，从中提炼信息。

（四）采集法

派出专职或兼职人员在外边收集信息。

（五）投书法

通过信函来往向有关部门和人员了解所需信息。

（六）询问法

直接向有关人员了解查询。

（七）购买法

向信息咨询服务机构或专刊机构有偿索取。

（八）交换法

与有关单位互换信息资料。

（九）预测法

根据本单位掌握的资料和经验，对未来发展进行分析判断，预测发展趋势。

（十）会议法

通过参加有关农业工作会议、研讨会、展销会、物资交流会、座谈会、新闻发布会等获取信息。

四、农业推广信息筛选、分类和鉴别

（一）农业推广信息的筛选

对收集到手的信息进行筛选，才能使农业推广工作有个良好的开端。筛选时应注意把重复、不切题、陈旧的信息资料剔除，留下切题、新颖的信息资料，然后对这些留下的信息资料进行价值分析和评估，价值大的留下，价值低的去除。

（二）农业推广信息的分类

把经过筛选的信息资料按照一定的标准进行分门别类，排列顺序，使它成为有组织、有条理的农业信息资料体系，以便记录、整理、分析、研究和查找应用。分类方法主要以便于查询和应用为原则。一般有以下几种分类方法：

①按专业分类，可分为种植业、林业、畜牧业、水产业和农副产品加工业等门类。

②按学科分类，如种植业中可分为栽培、育种、植保、土肥、种子等，畜牧业中又可分为养牛、养猪、养羊等类别。

③按垂直系统分类，可分为上级部门、本部门、本单位、下级业务部门等。

④按横向系统分类，可分为科研、教育、推广、水利、气象、金融、工商税务、支农工业部门等。

⑤按时间序列分类，即按年月排列。

由于信息内容繁多，来源复杂，常把多种分类方法结合起来，并划分不同的级别和层次，形成一个系统。比如按照农业分类，一级分类有种植业、林业等；种植业二级分类有经济政策、资源区划、种植业技术等；种植业技术中三级分类可分为栽培、植保、土肥等；栽培四级分类又可分为小麦、玉米、棉花等。

（三）农业推广信息审核鉴别

农业推广信息鉴别，就是对筛选分类以后的信息的真假对错进一步评定选择，以提高信息的质量。如果把筛选分类算作粗选的话，那么审核鉴别就是精选。

①差错类型，主要有三种：a. 失真性差错。所收集的信息资料与事实不符或误差超过允许范围。b. 缺项性差错，即信息资料中对某些重要内容有遗漏。c. 违例性差错，即信息资料在属性、语义、计量单位以及计算方法等方面，违背惯例，不符合规定或前后矛盾。

②鉴别方法，主要有逻辑分析法、经验判断法、计算检查法、比较核对法、抽样调查和请教专家鉴别等方法。

③鉴别结果的处理，分三种情况：a. 对准确无误的信息资料可进一步加工利用。b. 对有疑问的资料不要轻易下结论，要经过一段时间的实践检验或通过收集新的信息再来确定其正确与否。c. 对于有差错的资料要严格把关，区别对待。一般性错误，可代为改正；需要查对核实的，要查证后改正；无法改正的，要提出问题，待日后改正。

五、农业推广信息的应用

农业信息只有得到有效应用后才能成为一种有用的资源。农业推广过程很大程度就是传递农业信息的过程。农业推广组织和个人都要增强信息意识，提高信息收集与应用能力，充分发挥农业信息的作用。

（一）要自觉地树立信息意识

在了解信息定义的基础上，从思想上认识到信息的重要性，才能自觉地树立起信息意识。有了信息意识，即使处于繁忙工作中，也能够耐心收集并将信

息摘抄在工作笔记本或卡片上，建立个人"信息库"，从而提高自己的信息感受力。

（二）充分利用各种渠道收集信息

在日常工作中，多注意报纸、杂志、有关文件、重要讲话、有关政策法规、广播、电视新闻、科技展示会、学术研讨会、农业相关网站。

（三）识别信息

按信息的职能来说，有计划信息，它属于国家下达的任务、方针、政策，具有纲举目张的作用。还有来自行业、部门之间的发展规划、科研发展方向等信息，此信息有助于中层管理人员制定符合本单位现实的决策，这种既原则又具体的信息，称之为控制信息。而与管理者、执行者、使用者日常活动关系密切的是作业信息。学科信息，即指有关学科领域的重大发现、新理论、新动向。技术信息指的是技术改革、技术原理、技术水平、应用条件和范围等。因此，推广人员要注意提高对信息的识别能力，正确地比较、评价、处理信息，以求在科技活动中更好地指导工作，取得最大的效果。

（四）利用信息

信息再多，不利用等于无用。无论科研或开发、推广的每一个阶段，都要有意识地利用信息，尽量吸收他人、前人的智力成果，从中受到启发，获取灵感，作出创造。一个推广工作者，收集信息的目的，不只是为了保存，而是要利用信息的使用价值。因此，必须充分使用已获得的信息，为自己的技术开发、推广管理而服务。

六、建立农业推广资源库

农业推广的内容具有广泛性、地区性、先进性和实用性等特点，凡是对"三农"，包括农业生产、农村生活、农村环境、农民生活改善与素质提高等方面有促进作用的知识、技术、方法、经验，都是农业推广的内容。《农业技术推广法》对我国农业推广内容规定为：应用于种植业、林业、畜牧业、渔业的科研成果和实用技术，包括良种繁育、施用肥料、病虫草鼠害防治、饲料加工、栽培和养殖技术，捕捞技术，农副产品加工、保鲜、贮运技术，农业机械技术和农用航空技术，农田水利、土壤改良与水土保持技术，农村供水、农村能源利用和农业环境保护技术，农业气象技术以及农业经营管理技术等均可成为农业推广资源库的来源。

农业推广过程很大程度就是传递农业信息的过程。农业推广信息是指为各类推广对象提供生产与生活咨询服务和有关决策参考、同农村发展与推广直接或间接相关的各种信息。即这些信息也是农业推广资源库的来源。

因此，各级各类农业推广组织与个人，在日常工作当中需注意收集、整理、审核、保存农业生产及相关领域中的各类新信息，以及农业各领域科研人员创新的经过相关部门鉴定的新产品、新技术、新品种、新工艺、新经验、新方法等科技成果，还有农民群众在生产实践中总结的先进经验和国外引进的先进成果与技术，为建立内容丰富、形式多样的农业推广资源库奠定基础，为农业推广工作的有效、顺利开展提供保障。

第三节 农业创新概念

一、农业创新的概念

1912 年，美籍经济学家熊彼特在其著作《经济发展概论》中提出，创新是指把一种新的生产要素和生产条件的"新结合"引入生产体系，它包括五种情况：引入一种新产品，引入一种新的生产方法，开辟一个新的市场，获得原材料或半成品的一种新的供应来源，新的组织形式。也有人把创新定义为以现有的思维模式提出有别于常规或常人思路的见解为导向，利用现有的知识和物质，在特定的环境中，本着理想化需要或为满足社会需求，而改进或创造新的事物，包括但不限于各种产品、方法、元素、路径、环境等等，并能获得一定有益效果的行为。或者说，创新是一种被某个特定的采用个体或群体主观上视为新的东西。它可以是新的技术、产品或设备，也可以是新的方法或思想。这里的创新并不一定或并不总是指客观上新的东西，而是一种在原有基础上发生的变化；这种变化在当时当地被某个社会系统里特定的成员主观上认为是解决问题的一种较新的方法。通俗地讲，只要是有助于解决问题的与推广对象生产和生活有关的各种实用技术、知识与信息都可以理解为创新。农业创新则是应用于农业领域内各方面的新成果、新技术、新知识及新信息的统称。

农业推广过程就是在农业推广人员与农民群众的共同活动中采用农业创新的过程，在这个过程中，既有推广人员的主导作用，又有农民的主动作用。农民不是消极地接受和被动地采用农业创新，而是通过观察、思考、认识和反复实践才能最后实现采用。农业创新采用的早晚、快慢和效率高低，既受创新本身特点制约，又受农民基本素质左右。认识并掌握农业创新的采用，对推广工作的深入开展有极大帮助。

二、农业创新的特征

对农业创新与农民采用率的研究表明，农业创新的特征与其采用率之间有较大的关系。

（一）相对优越性

如果农业创新相比旧的事物具有较大优越性，就会很快被采用。这种优越性可能表现在增加收益上，也可能表现在减少劳力或减少风险上。

（二）一致性

如果一种农业创新与潜在采用者的价值观和需要相一致，就会很快被采用。

（三）复杂性

如果农业创新实践比较简单、容易理解，或者不用学习较复杂的技术和改变现有的种植方式，可能会很快地被采用。如：高产作物品种采用得非常快，是因为在操作技术上没有太大的变化，所有农民都知道怎样用，而且增产效果显著。

（四）可试验性

可以在小范围内试验的农业创新比起不能在小范围内试验的农业创新来说可能采用得更快。如：喷施农药和喷洒化肥能够用较小的成本在小范围内试验，相对容易推广；但建新式样的大棚就需要较大的成本，是一种投资大的决策，推广难度相对较大。

（五）可观察性

如果农业创新的结果很容易看见，就会被很快采用。如：地膜覆盖、新型农药、新型化肥、种衣剂用于农作物，其效果可能显而易见，农民可能会很快采用；但是一些土壤改良和保护计划的效益就不容易看到，需要多年才可见，推广起来存在一定的难度。

三、农民对农业创新的看法

创新者的思想和方法或通常人们所说的技术被个人或一些人所效仿和接受，称作创新的采纳。农民在采纳创新时，不仅要求创新应具备相对的优越性、较强的适应性等，而且对创新技术的复杂程度、技术的分解性大小等均需认真分析后才予以采纳。一般来说，立即见效的、一看就懂的、机械单纯的、安全的、单项的、个别改进的以及看似适用的技术，相比长远的、需要学习的、操作复杂的、危险性强的、综合性强的、合作群体作战的以及看似高新的技术，更易于采纳。

四、农民采纳创新的过程

农业创新的采纳是指个人采用一项农业创新的过程，这个过程是指农民获得新的创新信息和最终采用的心理、行为变化的过程。当农民采用某一新观点或实践的时候，需经过采用过程的五个不同阶段。

（一）认识阶段

认识阶段是农民采用农业创新的第一阶段。农民通过各种渠道，知道有比以前所用的技术信息更好的新技术信息。这些信息包括物质形态的技术，如新品种、新农具、新农药；也有非物质形态的技术，如栽培技术、饲养管理技术。于是农民开始意识到某项创新的存在，得到一种新的概念，但农民对这项创新不一定关心和产生兴趣。

（二）兴趣阶段

农民知道这项创新以后，想进一步了解创新的方法和结果，对这项创新表示关心和感兴趣，并开始出现学习上的行动。这些人之所以表现出关心和有兴趣，是因为认为新技术对他是有用的，而且也是可行的。可是，另外一些人知道这项创新的信息后，或者由于不相信，或者由于没有钱、没有能力以及其他条件不具备而不能采用，他就不会对其产生兴趣。

（三）评价阶段

一旦农民对某项创新发生兴趣，就会结合自己的情况进行评价，对采用创新的得失加以分析、判断。评价的进行就是更多地了解该创新的详细情况，例如一个作物新品种生育期有多长，会不会影响下茬作物，劳力是否安排得开，能够增产多少，效益上对他有多少价值。农民在这一阶段的心理状况是没有把握的，他或许想试验一下，或许想观察一下其他农民试用创新的情况，因而会犹豫不决。

（四）试验阶段

农民经过评价，确认了创新的有效性，但为了稳妥行事，往往会先在小块土地上试验。在这个阶段里，农民需要筹集必要的资金，学习有关的技术，投入所需的土地、劳力和其他生产资料，并观察其结果对自己是否有效和有利；他期望试验成功，当试验中出现问题时需要有人帮助他去解决。农民经过自己的试验，如果取得了成功的经验并掌握了技术，就会确信这项创新是自己可以采用的。

（五）采用（或放弃）阶段

农业创新的采用是指采用者个人从获得新的创新信息到最终在生产实践中采用的一种心理、行为变化过程。

该阶段是决定是否采用创新的最后阶段。农民常常不是经过一次，而是经过二次、三次甚至四次试验，最后才决定是否采用。每次试验的过程，也是农民增加或减少兴趣的过程。在这些重复的试验中，如果农民得到了更大的兴趣和进一步的验证，就可能逐步扩大试用创新的面积，这样的重复试验就意味着创新已被农民采用。该阶段也会出现另一种情况，农民对某项创新经过一次试验就放弃而拒绝采用，有的情况下，这种决策可能是正确的，因为这项创新并不一定对某一特定的地区或农户适用，如南美洲山区推广马铃薯技术时，在山坡两侧，一侧的农民很快采用了，另一侧则试过一次后再也没人种了，原因是山坡两侧接受阳光和温度的情况不同，一侧适合马铃薯生长，另一侧不适合马铃薯生长。因此，一项成功的技术在不同条件下可能被采用或被拒绝，但有的情况下，农民不采用创新，可能是他未掌握这项技术，也可能是由于社会观念的障碍。

五、农业创新的扩散

农业创新扩散是指一种创新在社区中的传播过程。这种传播可以是由少数人向多数人传播，也可以是由一个单位向另一个单位或社区的传播。

（一）创新扩散的要素

第一个实践一项创新的人被视作创新者。如果某项创新被社会上较多的成员所采纳，这个过程称作创新的扩散。实际上创新的扩散是指某种创新在某特定的社会系统的成员中，在一定的时间内，经由某种沟通渠道而被交流传播的过程。

1. 创新

一项创新应具有相对优越性、适应性、可观察性等特性才能被农民所采纳，此种创新可以是硬件（物化技术），也可以是软件。因此，创新的扩散关键在于创新本身。

2. 沟通渠道

新技术（或其他新事物）是经由某些渠道使供者和受者沟通，从而使采纳者与创新联系起来的。沟通渠道是指人们互相传播信息的途径或方式。沟通渠道可以是大众传播媒介、集体传播媒介和个体的人际传播或人际沟通媒介。采取何种媒体进行沟通和传播，对于不同的创新及创新扩散的不同阶段和不同的采用者群体至关重要。因此，选好沟通渠道对创新扩散具有重要作用。

3. 时间

创新的扩散是有一定时间界定的，主要体现在两个方面：一是创新采纳的决定过程需要时间，由此将其分为知识阶段、说服阶段、决策阶段、实施阶段和证实阶段等过程，每一个阶段均需要时间；二是创新采纳的个人或单位采纳新技术比同一社会系统内其他成员相对提早的数量关系会发生变化，由此将采纳者分为先驱者、早期采用者、早期多数、晚期多数和落后者。

4. 社会系统

创新扩散是在一个社会系统的成员间发生的。社会系统是指一组有着共同问题、期望的达到某种共同目标的相互关联的单位。社会系统涉及较多因素，受制于政治、经济、文化、社会规范、人文系统及其相应的扩散网络系统等因素，其影响因素复杂而不可预见，由此限制了创新的扩散。

5. 自然系统

农业创新扩散是为农业、农村和农民发展服务的。因不同的生态区域具有不同的自然资源条件，包括气候资源、土地资源、水资源等自然系统，故创新必须与当地生态条件相适应，有利于物质能量循环的平衡，农民才会采纳并应用于生产，否则会限制创新的扩散与应用。

（二）农业创新的扩散过程

农业创新的扩散过程是由少数人采用发展到多数人的广泛采用。这一过程是农业创新在农民中扩散的过程，也是农民心理、行为变化的过程。典型的农业创新扩散具有明显的规律可循，一般可分为四个阶段。

1. 突破阶段

农村中的专业户、科技户、知识青年等，他们和一般农民相比较，具有科学文化素质较高、外界联系较广、生产经营条件较好的特点。他们在农村中充当了"创新者"的角色。他们有改革的强烈要求，感到要发展生产、改善生活、增加对社会的贡献，就必须改革落后的技术及经营方式，他们对采用新的农业创新跃跃欲试，并克服来自各方面的阻力，重复地进行各种试验、评价、决策等一系列开创性的工作。一旦他们试验成功，决定采用新的创新措施，并以令人信服的成果证明创新的有效性，就完成了所谓的"突破阶段"。创新者的突破为创新的进一步扩散迈出了至关重要的一步。

2. 紧要阶段

紧要阶段是创新能否扩散的关键时期，如果创新的试用结果确实能产生良好效益，则这项创新就能得到大家的承认，引起大家的兴趣，扩散就会以较快

的速度进行。紧要阶段实际上就是创新成果从创新先驱者向"早期采用者"进行扩散的过程。早期采用者对创新较为关心，他们对"先驱者"的行动颇感兴趣，开始观察、了解创新的试验进展情况，也从其他方面了解人们对创新的看法，一旦信服，他们很快就会紧随先驱者们采用创新。

3. 跟随阶段（自动推动阶段）

跟随阶段又叫自动推动阶段。当创新的成果明显时，除了先驱者和早期采用者继续积极采用外，被称作"早期多数"的人认为创新对他们有利时就会主动采用。这种人一开始可能不理解创新，一旦发现创新是成功的，他们会以极大的热情主动采用，所以叫自动推动过程。

4. 随大流阶段（衰退阶段、浪峰减退阶段）

当创新的扩散已形成一股势不可挡的潮流时，个人几乎不需要什么驱动力，而被共同生活的群体所推动，被动地"随波逐流"，使得创新在整个社会系统中广泛普及采用，通常那些被称为"后期多数"及"落后者"的就是所谓的随大流者。

不同农业创新，其扩散过程除基本遵循上述扩散规律外，还具有自己本身的扩散特点。不同扩散阶段与不同采用者之间的关系也不是固定不变的，应具体问题具体分析。

（三）农业创新扩散的影响因素

影响农业创新扩散的因素很多，主要有经营条件因素、技术因素、农民素质、政府政策以及农村家庭、社会组织机构等社会因素的影响。

1. 经营条件因素

农业企业及农民的经营条件对农业创新的采用与扩散影响很大。经营条件比较好的农民，由于具有一定规模的土地面积，比较齐全的机器，较雄厚的资金，较充裕的劳力，多年经营农业的经验，较高的科学文化素质，同社会各方面较广泛的联系，他们往往对创新持积极态度，经常注意创新的信息，比较容易接受新的创新措施。

2. 技术特点因素

一般来说，农业创新自身的技术特点对其扩散的影响主要取于三个因素：①技术的复杂程度。技术简便易行就容易推广；技术越复杂，则推广的难度就越大。②技术的可分性大小。可分性大的，如作物新品种、化肥、农药等就较易推广；而可分性小的技术装备，如农业机械的推广就会难一些。③技术的适用性。如果新技术容易和现行的农业生产条件相适应，而经济效益又明显，则容易推广；反之则会困难。具体有以下几种情形：

（1）立即见效的技术和长远见效的技术。立即见效是指技术实施后能很快见到其效果，在短期内能得到效益。例如，化肥、农药等是比较容易见效的，推广人员只要对施肥技术和安全使用农药进行必要的指导，就容易推广。但有些技术在短期内难以明显看出效果和效益，如增施有机肥、种植绿肥等，其效果是通过改良土壤、增加土壤有机质和团粒结构、维持土壤肥力来达到长久稳产高产的，不会很快产生效果，这类技术推广的速度就要相对慢一些。

（2）一看就懂的技术和需要学习理解的技术。有些技术只要听一次讲课或进行一次现场参观就能基本掌握，这样的技术就很容易推广；有些则不然，需要有一个学习、消化、理解的过程，并要结合具体情况灵活应用。例如，水稻旱育苗技术，从种子处理、浸种、催芽、作床播种到苗床管理都需要学习才能掌握，其推广难度相对较大。

（3）机械单纯技术和需要训练的技术。农业机械的使用、新型除草剂的应用等，不需要很多训练就可掌握，其推广较容易；一项较为复杂的农业新技术，如：蔬菜温室栽培技术、西瓜地膜覆盖技术等，都需要比较多的知识、经验和实践技能，需要经过专门的培训才能掌握，其推广难度则相对较大。

（4）安全技术和带危险性的技术。一般来说，农业技术都比较安全，但有些技术带有一定危险性，如有机磷剧毒农药，虽然杀虫效果极佳，但如使用不当，难免发生人畜中毒事故，因农民对此带有恐惧心理，所以推广比较困难。

（5）单项技术和综合技术。对于技术难度较小的合理密植或增施磷肥等单项技术，由于实施不复杂，影响面较窄，则农民接受快，推广较为容易；但如作物模式化综合栽培技术是一种综合性技术，要考虑多种因素，如播种期、密度、有机肥、氮磷钾肥的配比、施肥时期、灌水时期等，从种到收各个环节都要注意，比单项技术的实施要复杂好多，其推广相对较难较慢。

（6）个别改进技术和合作改进技术。有些技术涉及范围较小，个人可以学习掌握，一家一户就能单独应用，如果树嫁接、家畜饲养等；有些技术则需要大家合作进行才能搞好，如病虫防治，只靠一家一户防治不行，需要集体合作行动，因为病菌孢子可以随风扩散，昆虫可以爬行迁徙，只有大家同时防治才会有效。此外，还有土壤改良规划、水利建设都需要集体合作才易推广。

（7）适用技术与先进技术。适应于农民生产经营条件和农民技术基础，能获得较好经济效益的技术，容易在农民中传播和被农民采用；先进技术的应用往往需要较多的资金和设备，对农民的科技文化素质要求也较高，不具备这些条件就难以推广开来。

3. 农民素质因素

农民素质包括文化知识、技能、思想、性格、年龄和经历等，这些都会影响创新的扩散。通常，不同经济文化状况地区的农民，采用创新的独立决策能力有很大差别，经济文化比较发达的平原地区农民与山区农民相比较，独立决策能力较强。

4. 政府的政策措施因素

政府对创新的扩散，可以采取多方面的鼓励性政策措施，主要有土地经营使用政策，农业开发政策，农村建设政策，对农产品实行补贴及价格政策，供应生产资料的优惠政策，农产品加工销售的鼓励政策，农业金融信贷政策，发展农业研究、推广、教育的政策等。这些政策激励对创新的扩散具有较大影响。

5. 家庭、社会机构及其他社会因素

农村的家庭结构关系，常常会对采用新技术的决策产生影响。如果一个家庭中由中、青年人当家，能较快接受新技术，如果老年人当家则较慢。家庭经济计划对采用新技术也有影响，有的准备把资金主要用于扩大再生产，有的则把钱用于日常消费与开支。

社会机构中农村供销、信贷、交通运输等有关部门对技术推广的支持、配合，农民间相互合作，推广人员同各业务部门的关系以及与农民群众的关系，也都影响着创新的传播。

此外，农村社会的价值观及宗族等社会因素对新技术的采用也有影响。例如在采用新技术的认识、感兴趣及评价阶段，有些信息是来自亲属，决策时需要同亲属商量研究，这些亲属或宗族的观点、态度，有时也会影响农民对创新的采用。

第四节　农业科技成果

农业科技成果是指农业科技人员通过脑力劳动和体力劳动研究、创造、观察、试验、总结出来的，并通过组织鉴定、专家评审具有一定创新水平的农业科技理论和在生产实践中产生显著的经济效益、社会效益和生态效益的农业知识产品的总称。也就是说，农业科技成果是农业研究者在农业各个领域内从事某项研究时，通过调查、研究、试验、推广应用，所提出的能够推动农业科学技术进步，具有明显的效益，并通过鉴定或被市场机制所证明的物质、方法或方案。将农业科技成果应用于生产实践中产生显著经济效益、社会效益和生态效益，培育和发展新质生产力，是农业推广工作的中心任务。

一、农业科技成果的种类

为有效管理和推广应用农业科技成果，应根据不同的需要进行成果的科学分类。

（一）按研究性质分类

按研究性质分类，可把农业科技成果分为三类：①基础性研究成果，是指在农业科学领域中以认识自然现象和探索自然规律为目的而取得的成果。这类成果常常对广泛的科学领域产生影响，成为普遍的原则、理论和定律。例如，农业研究中光合作用的研究，作物、动物遗传工程研究，生物固氮的研究，生物抗逆性的理论研究等。基础性研究成果一般称为非物化性技术。技术表现形态是研究论文、报告或著作。技术成果载体是文字或印刷品，社会效益突出，直接经济效益不明显。在成果转化中基本上不能直接转化为现实生产力，必须经过应用性研究和开发性研究，才能在生产应用中转化为生产力。②应用性研究成果，是指在国民经济及人民生活中为了实现某种实用目的，运用基础性研究成果进一步转化为物质技术或方法技术的研究过程中所取得的行之有效的农业新技术、新设备、新方法、新工艺、新品种等方面的成果。例如，根据作物病虫害发生规律研究出防治作物病虫害的技术方法，根据生物抗逆性理论培育出抗逆性较强的品种，根据作物生长发育规律及其与农业生态条件的关系而研究出的作物栽培技术，根据动物某种疫病发生规律研究出防病治病的新药品等。这类成果多数还不能直接在生产上大面积推广、大区域应用，必须经过开发性研究后，才能在生产上推广应用。应用性研究成果一般称为物化技术，技术表现形态大多是新产品、新工艺和新方法。技术载体是人、图纸或实物，具有显著的经济效益，可直接转化为生产力，是农业推广的主要内容。③开发性研究成果，又称发展性研究成果或推广研究成果，是指为了在生产上尽快推广应用性研究成果而进行的开发研究所取得的新成果，是农业应用性研究成果的继续与发展，主要包括引进、改进、组装配套和中试等开发研究工作。也就是说对应用性研究成果寻求明确、具体的技术开发活动，主要是研究解决应用性研究成果在不同地区、不同气候和生产条件下推广应用中所遇到的技术难题，结合具体情况，对应用性研究成果的某些关键技术方面，通过试验后加以一定的改进和提高，或根据多项应用性研究成果进行组装配套成综合技术，实现各种资源与生产要素的协调和统一，从而使潜在生产力变为现实生产力。例如，

一个新选育的水稻品种，只有通过引种和适应性试验，了解和掌握其丰产、抗逆和品质等特点，如成熟期、分蘖力、结实性、抗病性、肥水运筹等，并根据这些特点研究组装成配套技术，这样才能使这一作物品种更好地发挥其增产潜力。开发性研究成果通常可直接获得较大经济、社会和生态等方面的总体效益。

（二）根据专业管理范围分类

我国一般将大农业分为五业，即种植业、林业、畜牧业、水产业及副业。据此可把农业科技成果分为：①种植业成果；②林业成果；③畜牧业成果；④水产业成果；⑤副业成果。

（三）根据科技成果的职能作用分类

根据科技成果的职能作用分类，可分为三类：①具有经济职能作用的成果。凡能在生产中推广应用，能够产生直接经济效益，并可用定量指标计算其经济效益的农业科技成果，如作物新品种、模式化栽培、配方施肥等成果。②具有社会职能作用的成果，指能在生产中推广应用，虽不能产生直接的、近期的显而易见的经济效益，但能产生明显的社会效益和生态效益，而此两种效益多数难以用定量指标来计算，如环境治理、生态平衡方面的成果。③具有认识职能作用的成果。如基础理论研究和应用基础研究成果，其不能在生产中直接应用，也就不能产生直接的经济、社会及生态效益，但它对于人们认识自然和社会规律具有重要作用，也是应用研究和开发研究的理论基础及科学依据。

（四）根据表现形式和商品化难易程度分类

根据表现形式和商品化难易程度分类，可分为三类：①物质形态成果，又叫物化性成果，即以物质形态存在的成果，如作物新品种、新农机具、新苗木、新化肥、新农药等。具有生产资料的性质，可以直接在市场销售，商品化最容易。②技艺形态成果，又称方法技术类或非物化形态成果，此类成果无物质形态，而是以技艺的形式通过各种载体存在和传播，如植保技术、果树修剪技术、畜禽饲养技术等。此类成果一般不能直接在技术市场出售，当前主要是通过技术咨询、技术承包或技术培训等实现一定的商品化。③知识形态成果，如农业科学基础研究、应用基础研究、软科学研究成果，既非物化形态，又非技艺形态，而是以论文、报告等知识形态而存在，不能进入技术市场交易。

二、农业科技成果的特点

农业科技成果从研发到应用，与其他行业的科技成果有着截然不同的特点。

（一）研制周期长，涉及学科多

农业科研项目大多是围绕着农业生产中出现的实际问题进行立项研究，如作物高产栽培，作物、畜牧高效优良品种的选育，高产、优质、高效、生态农业、有机农业开发等，主要对象是活的生物体。一季作物，牲畜的一个生长发育周期，一般都需要数月甚至数年。试验中每一个技术环节和步骤都需要有多学科知识的投入，如栽培、饲养的生理生化和气象环境控制，新品种选育遗传变异应用，数据处理上进行数理统计分析等。在研究初步得到结果后，还要在生产实践中反复验证其重演性、可靠性和进行必要的适应性试验，最后才能大面积、大范围地推广应用。农业农村部（原农业部）曾对 1 010 项成果进行统计，完成一项成果平均为 8.29 年，最长达 35 年，形成了农业科技成果研制周期长、涉及学科多的特点。

（二）成果形成慢，淘汰速度快

一项农业科研项目从调研、选题立项、研究实施到成果形成，不仅需要较长研制周期，涉及较多学科，而且难度较大，人力、物力投入较多，成果形成较慢，往往赶不上生产的步伐。例如培育高产、优质新品种，但高产与劣质、低产与优质往往是基因连锁的，很难通过正常的杂交选育出理想的品种，只有通过特殊的手段，才有可能达到目的，因此，不但成果形成慢，而且成果的缺点比较明显，很难克服，在生产上应用时间短，又受制于环境条件的多变，病虫害的侵袭，新的疾病和新的生理小种形成，故很容易就被生产淘汰，也就要求有更新的成果、更好的技术来代替。

（三）技术性强，难度大

现代化农业同传统农业相比，要求有较高的技术性。农业科技成果大多都是针对活的生物体而起作用的，技术上要求不仅有指标化和操作规程，而且还要求时空化和应变性。种植、养殖要达到高产、优质、高效，必须科学地实施技术，达到技术质量的指标要求，按技术的操作程序进行。技术实施时间和环境对技术效应有显著的作用。根据自然环境条件的变化、技术实施的对象（生物体）的生育特点采取相应的应变措施，对技术加以合理的修正来适合新的情况，最终以较强的技术性实现成果的应用价值。如棉花、番茄、黄瓜等无限开花、无限结果习性作物的高产优质高效栽培，要求的技术性就特别高，对这类作物的营养生长和生殖生长的控制是生产的关键，通过施肥（氮磷钾的配比、供应时期）和化控技术可以达到控制目标，但由于技术实施效果受环境条件影响大，而生态环境是很难控制的生产因子，所以，技术成果的应用实施难度较大。同样的栽培条件，技术实施的好坏，产量和效益相差悬殊。有些技术必须

经过专门培训的人员和农业技术工作者才能完成。

(四) 推广滞后性，转化效率低

农业科技成果推广起来有一定的滞后性，特别是技术形态成果（如栽培、饲养技术、防疫技术、土壤改良技术）和知识形态成果（如自然资源调查、农业区划、病虫测报、气象预报等），要使农民掌握应用这类成果，需要一段时间去培训、宣传、示范。对于特殊的技术，还需要有较高水平的技术人员来承担。如果农民科技素质和文化素质较低的话，就需要较长时间的接受过程和认识过程，表现出了这些技术成果的滞后性。对于这类滞后性大的技术成果，要争取多种途径，使农民快速认识、接受新技术成果，使成果迅速转化。

目前，农业科技成果转化率30%～40%，其中相当一部分只是局部点片应用，真正形成规模效益的不到20%，这是由成果技术性强、农民的素质有待提高、推广队伍不健全及资金不到位等因素决定的。对于以实物为载体的物化成果，如农作物优良品种、新畜禽种、瓜果良种、新疫苗、新农药、新肥料、新农业机械等，农民很乐意接受，但由于缺乏健全的推广队伍，信息传递慢，示范性推广覆盖面小，给农民的可信度差，致使有些较易推广的成果也难以迅速转化。

(五) 适用范围具有一定区域性

不同的农业生产区域的土、肥、水、光、气、热等条件不同，形成了多种多样的生态资源类型，而不同区域的生态资源的性质、数量、质量及组合特征等都具有很大差别，甚至在小范围内也会存在差异。所以，在一定的生态资源环境下研制出的农业科技成果，只能在生态资源相同或相近的地区推广使用。例如：特早熟棉花新品种只能在特早熟棉区推广，中早熟棉花品种一般在黄淮海地区种植适应性好，产量高。

(六) 直接效益差，社会效益大

农业科技成果的研发目的就是应用于农业生产，而且其研究试验的整个过程都是在农业生产中进行的，必须在有一定的效益后，才能称之为成果。所以大多数成果很难以商品形式表现出来，不能参与技术市场，如技术形态成果、知识形态成果、理论形态成果等。大多数的农业科技成果都是属于社会服务和公益性质的，对农民应该是无偿的，就是物化形态成果，如作物新品种、畜禽良种，其商品价值也不高。这样，农业科学研究部门和研究者很难获得直接经济效益，但农业科技成果一旦推广应用，被广大农民所接受，就会产生极大的社会效益。所以，新技术、新成果，应迅速大面积推广，以促进农业快速发展。

三、农业科技成果转化

（一）农业科技成果转化的概念

农业科技成果转化是指把科技成果潜在形态的生产力转化为现实物质形态的生产力，并通过推广应用，产生社会、经济和生态效益，形成新的生产力的过程。《中华人民共和国促进科技成果转化法》指出：科技成果转化是指为提高生产力水平而对科学研究与技术开发所产生的具有实用价值的科技成果所进行的后续试验、开发、应用、推广直至形成新产品、新工艺、新材料，发展新产业等活动。

从广义上讲，农业科技成果转化是指科技成果由科技部门向生产领域不断运动，成果形态不断发生质变，最终形成现实生产力，进而推广应用产生效益的过程，包括基础性研究成果转化为应用型研究成果、应用型成果转化为发展型成果，在转化过程中形成生产能力和效益。从狭义上讲，农业科技成果转化是指科研单位在试验场、实验室条件下获得的应用性、开发性科技成果，通过试验、示范、推广，被农民认识、采纳、应用，使其在生产领域中发挥作用并取得效益。

（二）农业科技成果的转化过程

当一项研究项目达到了计划的要求，并通过了成果鉴定以后，就要通过技术示范、推广等形式，使科技成果尽快在生产上普及应用，形成现实的生产力。这一过程就是农业科技成果的转化过程。

农业科技成果转化的过程包括产出成果→扩散成果→采纳成果。也就是说，包括成果产出系统（研究系统）、成果扩散系统（推广系统）和成果采纳系统（生产应用系统）三部分。成果产出以后能否形成现实生产力，关键在于成果扩散系统和成果采纳系统。

大量研究文献认为，科学技术转化为社会生产力的领域涉及三个阶段，这是成果转化不可缺少的环节。

第一阶段，是基础理论转化为生产上可以利用的硬件和软件。在第一阶段的转化中，也不是一次转化就能完成的，当中还要经过若干小阶段。例如，自然科学的基础理论是自然科学家们运用正确的世界观和方法论经过反复实验和思维加工，从中得出的基本原理和规律，这是第一次转化。自然科学基础理论是关于自然界物质形态、结构、性质和运动规律的科学，为了指导生产和在生产上加以利用，它要借助先进的实验手段，经过科学家们的分析和组合，成为技术科学，这是第二次转化。技术科学是联系基础理论与应用科学的桥梁，但它不能直接解决生产中迫切需要解决的各种实际问题，还必须再向应用科学转化。应用科学实践性和专业性强，服务对象具体，但内容博大，门类繁多，最终都要完成两个转化：一是要物化在技术载体中，成为硬件；二是要变成操作程序、技巧及各种配方，成为软件。硬件和软件是可以直接在生产中应用的科技成果，是在众多科技人员的努力下，经过三次转化而来的。这三次转化构成了成果转化的第一阶段。

第二阶段，是硬件和软件转化为现实生产力。硬件和软件是最接近生产力的形态，但它还不等于生产力，仍需要按一定的技术构成与多种生产力因素相结合，经过科技人员的安装、调试、检验等操作，进入实际生产过程运行起来，转化为社会需要的产品，于是，硬件和软件的科学技术实现了由潜在生产力向现实生产力的飞跃。这次飞跃是科学技术进步在农业发展中所占份额迅速提高的决定性环节，十分重要，否则，农业发展依靠科技就成为一句空话。

第三阶段，是科学技术转化为人的内在因素。最接近生产力形态的硬件和软件经过科技人员的传播，变成为农民群众的生产资料和操作技能后，一方面转化为丰富的农副产品，通过市场流通，转化为货币，从而实现了生产者的愿望；另一方面转化为生产者的内在因素，即成为农民群众新的素质，包括农民科技水平的提高、科技意识的增强，最终达到观念的更新。于是，又实现了由物质向精神的飞跃，为实现农民自身的现代化打下了良好的基础。

从农业科技成果转化过程来看，关键部分是应用技术研究成果，它可以直接用于生产，并经过开发研究和推广工作大幅度提高经济效益。应用基础研究和开发研究也不能忽视，因为，忽视应用基础研究有碍于应用技术研究的深入和发展，忽视开发研究则会妨碍应用技术的推广。

（三）农业科技成果转化的形态

农业科技成果是用于促进农业生产发展的知识形态产品。根据农业科技成果的内在特点和外在特性，农业科技成果的转化有两种方式：一种是通过商品化进入流通，流向生产领域；另一种是通过非商品化、非流通形式进入生产领域。按其能否商品化和商品化的难易程度，农业科技成果可以下列几种形态进行转化：

1. 物化产品

这类产品是有形的，可以形成商品化，如种子、化肥、农药、地膜、畜禽良种、药品、疫（菌）苗、苗木、农机具等。这类农业科技成果采取适当交换方式，可以全部或部分收回研制成本，有些成果还能创造较高的利润。

2. 技术性形态成果

这类成果以非物化的信息形态存在、传播和被使用，如抗旱技术、栽培管理技术、饲养管理技术、生态技术等，多以技术承包、技术入股、联产技术服务、技术经济一体化承包和组建技术产业公司等方式获得经济收入。

3. 技能和技巧

这类技术不能物化，也难信息化，通常只能意会，难以言传，需要拥有者亲自教授、使用者用心体会才能掌握。例如果树修剪、看苗施肥等技术，往往伴随技术性形态成果进行商品性交换。

4. 服务性知识产品

这类成果既不是物化形态，又不是技能技巧，虽然能够为农业生产科研服务，具有价值和使用价值，但不能交换（不能商品化），更不能形成技术市场，如生态区划、开发方案、农村规划、战略研究等。这类成果的转化需要国家各级政府部门统一组织实施，受益者是在一定区域内的广大民众，其转化的效果主要表现在社会效益和社会进步上。

（四）农业科技成果转化的条件

1. 科技参展成果必须适销对路

在农业推广实际工作中，经常会出现一些科技成果一经问世，便很快引起广大农民的兴趣与关注，使其在生产应用上不推自广，而且能在较长时间内"走俏"；而有些科技成果虽然已被研究出多年，并做了大量的宣传促销工作，却一直不能引起农民的浓厚兴趣，并很快出现"疲软"；还有的成果，不论如何努力宣传促销，都始终得不到农民的赏识而长期被搁置，最终失去其应有的使用价值。出现这些情况的原因是多方面的，但最根本的还是这些科技成果本身不过硬，在很大程度上不能满足农民在生产中的实际需要，或推广的区域不适合，不能充分体现科技成果的效益。

2. 农业推广体系必须健全

农业科技成果经过鉴定以后，如何送到农业生产中进入农村千家万户，这既是农业推广部门的主要工作，也是农业科研单位义不容辞的责任。农业科研单位作为农业科技成果的生产单位，首先应从本地区农业生产发展和本单位科技进步的实际需要出发，推出更多适销对路的农业科技成果。此外，也要积极进行技术开发与推广工作，采用多种形式传播农业科技信息，促进农业科技成果向生产领域转移，并通过成果示范解决科技成果应用中的新问题，使科技成果在推广过程中不断完善和发展。农业推广部门应采取积极有效的组织措施，理顺关系，制订农业推广计划，做好技术培训、宣传促销和科学指导工作，使农业科技成果的转化周期相对缩短，同时也要注重农业科技成果在转化中不断创新，并请求政府部门、服务部门的协助。

3. 农民的科学文化素质要较高

农业科技成果转化能否成功，一个重要的因素取决于农业科技成果的采纳系统。农民是农业科技成果采纳系统的主体，他们本身科学文化素质的高低在很大程度上影响着科技成果的吸收、消化和应用。有很大一部分农民受教育程度不高，科技意识差和能力较弱。因此，普及各类职业教育，宣传科技知识，加强农民科技意识，是实现农业科技成果转化的重要手段，也就要求教育、科研、推广部门应紧密结合起来，围绕科技成果转化这个中心，广泛开展不同层次的尤其是针对农民的技术培训，尽快提高农民的科学文化素质，以增强农民对农业科技成果的接受能力。

4. "技、政、物"要充分结合

农业科技成果的转化是以相应的物质和资金配套为前提的。如配方施肥技术的转化，就要有合理的化肥结构；病、虫、草害防治技术，就要有对路的农药类型。所以，农业科技成果的转化要形成规模效益，必须有各方面的配合，其中"技、政、物"是三个最基本的要素。技术是核心，物质是基础，政策是保证。

5. 社会化服务要全面周到

要使不同素质的农民都能接受并能够正确运用先进的农业科技成果，扩大农村社会化服务范围非常有必要。农业推广部门可以结合技术推广从事一些经营服务活动，如农药、化肥、地膜、良种、苗木等经营，也可以采用技术承包等形式，不断增强自我积累、自我发展的能力。立足推广搞经营，搞好经营促推广，改革"输血式"推广为"造血式"推广，同时改变单纯的产中服务为产前、产中、产后的全程服务。

（五）促进农业科技成果转化的途径

1. 建立政、科、技、支四位一体的管理机构，形成新的科技推广服务体系

农业科技成果推广转化的速度和效果，不但受科技成果本身特点的制约，还受社会环境条件的影响。在农民文化素质和科技素质偏低的地区，政府部门对于论证好的科技成果项目，应加以适当的政策导向等方面的干预，促进推广，为科研技术推广保驾护航。科研部门应尽可能地贴近农业生产实际，选题目标要从解决当前生产中的重大技术问题出发，选择易推广、效益大的项目，并使研究和推广相结合。推广部门不应只是单纯地成为生产和科研部门的中介人，不但要直接参与科学研究工作，成为科研部门的一部分，又要成为生产部门的科技成果转化的直接实施者，防止科研与推广脱节。要缩短转化进程，必须保证财、物等诸方面按时、优质、优价、按量到位，支农部门必须紧密配合，按国家有关法律规定和宏观调控的方针办事，使农民真正体会到中国特色社会主义的优越性，感受到乡村振兴政策的支持力度，树立采用新技术、新成果的信心和决心，促进农业科技成果的应用。

在农业生产、农村经济改革不断深化，科、农、工、贸有机地结合的全新发展阶段，科技推广部门要适应新形势、新要求，转变观念，转变职能，转变运行机制，增强服务功能，形成新的服务体系。县、乡两级推广机构的科技人员，要有较强的管理才能、推广技能和一定的科研示范能力；知识层次、结构要多样化，种、养、加、贸、管齐全，素质要高，成为科研、推广、生产相结合的纽带；要制定优惠政策，鼓励高学历、高职称技术人员到推广第一线，积极充实新生力量，形成新的技术格局。推广机构要以市场为导向，以效益为中心，发展农村经济为宗旨，形成多层次、多形式、多成分的服务网络，具有产前、产中、产后的综合配套服务功能，形成国家扶持、自我发展壮大、适应中国特色社会主义市场经济发展的新科技推广体系。政、科、技、支四位一体，协调作用，促进农业科技成果转化。

2. 加强农村开发研究和中试生产基地建设

农业区域综合开发研究是农业科技成果快而好地转化为生产力的最佳途径。它的显著特点是以系统科学的观点和做法，促进农业科技成果的转化。在开发过程中，把多项技术综合组装，发挥效益，具有示范带动作用，影响较大。成果产出单位与成果应用单位紧密结合，建立中试生产基地，把试验、示范和推广相结合，进行以高产、稳产、优质、低耗、高效为中心内容的配套技术研究，既可以促进农业科技成果转化为生产力，也可以带动一批农业企业的技术改造，如国家科技园区的农业展示推广作用。

3. 广泛应用大众传播途径

当前，新闻、电视、电影、广播、杂志、手机、互联网新媒体等是宣传转化农业科技成果的有效途径。调查研究表明，农业新技术通过新闻媒介宣传推广，特别是网络媒体的宣传报道，农民的提早认识率可达70%以上。可见，利用现代通信设备推广农业科技成果是目前的有效途径之一。

4. 发挥农业技术市场的功能作用

农业技术市场有六大功能，即交易功能、交流功能、推广功能、开拓功能、教育功能、信息功能。农业技术市场在促进农业科技和农村经济的结合、加速

科技成果转化为现实生产力方面显示出了强大的力量，通过技术市场十分有利于农业科技成果在生产领域中的应用。技术作为商品进入流通领域，使科技成果直接与需求者见面，减少成果推广环节，加快成果转化为生产力的速度。

5. 建立科学的培训体系，大力提高农民素质

技术含量较高的农业科技成果在实际推广中往往表现出农民接受慢、普及慢、转化慢、效益低的特点。其主要原因是农民文化水平不高。在成果技术推广地区，针对技术成果特点、农民的文化水平高低，根据教育学、心理学原理，应用农业科技成果推广规律及科技成果转化为生产力的特点，建立科学的培训体系，采用长期的多种形式相结合的教育方法和手段普遍提高农民文化素质和科技素质是促进农业现代化的根本。

科技知识是相互依存、相互渗透的，在农业科技推广培训内容上要进行全方位培训，应难、易、深、浅兼顾，种、养、加、营、管全面培训。农民的文化水平参差不齐，接受能力不一，要把他们分解成若干层次进行培训，针对情况有的放矢，坚持重点培养和普遍教育相结合，形成一批技术骨干和示范户，带动整个地区。通过系统的培训，可以使农民科技素质大幅度提高，使其终身受益，科技成果能够保质保量保效益地在培训中迅速推广。

6. 根据成果属性采取相应的推广对策

促进成果转化，必须考虑成果的属性，根据其属性，寻找相应对策。对于物化性强的物化形态农业科技成果，如农作物良种、新畜禽种、新疫苗、新肥料、新机械等，可边示范边推广，以商品形式参与技术市场竞争，供农民选择，以市场调节为主，促进好成果的转化推广，淘汰效益低的成果；对于技术性强的技术形态成果，如各种作物的三高栽培技术，畜禽饲养、防疫技术，土壤改良技术等，要针对某一地区的生产实际选准项目，进行技术承包、技术培训咨询、技术入股等形式促进转化，此类成果还必须由政、科、技、支四位一体的管理机构来保证成果的推广实施，对于知识形态和理论形态成果，如资源调查、病虫情报预测、应用理论研究等属于社会服务公益性的成果，国家必须给予一定资金进行无偿服务，保证成果顺利推广实施，促进社会物质文明与生态文明建设。

（六）农业科技成果转化的主要方式

根据商品交换形式在农业推广上的应用，从目前国内的实际情况出发，农业科技成果商品服务方式有以下几种：

1. 经营服务方式

经营服务方式是把物化形态与知识形态的技术商品结合起来，一起转移

（出售）给农民，把良种良法、"良方良药"送到农民手中。这种经营服务方式有以下好处：①符合自愿原则、等价交换原则；②农民欢迎的新技术与物资配套服务，新技术转化速度快；③比较容易实现其交换价值；④既进行新成果的转化，又补充了技术推广部门的实力。

2. 技术承包方式

技术承包方式是以合同形式把技术人员与农民的经济利益联系起来的经济交换形式，实际上是买卖知识性技术商品的一种形式，被承包者从成果转化生产力产生的经济效益中拿出一小部分奖励承包者。具体方法如：①联产提成技术承包责任制；②定产定酬技术承包；③联效联质技术承包；④专项技术劳务承包；⑤农业科技集团承包。

3. 技术咨询、技术培训、技术资料等服务方式

技术咨询、技术培训、技术资料等服务方式是一种知识形态的商品交换服务方式。由于人们认知问题，没有把这类技术看作商品，也没有进入发展农村商品经济的轨道，目前普遍推行收取一定技术服务费的办法。

4. 建立技术与生产联合体

建立技术与生产联合体的方式是技术成果与生产结合，把知识形态的技术商品转化为物化形态的技术商品，共担风险、共享利益的一种商品交换服务方式。具体做法是：由技术部门提供先进技术成果，负责技术指导，实行技术入股。生产单位提供生产条件和资金，产品由双方共同经销，利益按贡献大小比例分成。这种办法将技术成果转化为物化商品，使技术商品容易进入流通领域，按价值规律进行交换，推动农业科技成果的转化。目前利用这种交换形式还不多，只局限在经济作物或技术性比较高的作物上。

5. 建立农业科技示范场

农业科技示范场是农业技术推广工作的重要载体，是我国社会主义市场经济条件下农业技术推广的有效形式，是基层农业推广人员在实践中的创造。农业科技示范场已成为农业新技术试验示范基地、优良种苗繁育基地、实用技术培训基地，并是上联农业科研单位、中间依托农业推广机构、下联千家万户的农业科技成果快速转化的绿色通道。《中共中央、国务院关于做好 2000 年农业和农村工作的意见》充分肯定了这种形式。农业科技示范场在基层农业技术推广工作中将发挥四方面的作用：①有利于技术示范与技术服务相结合，带动了农业结构调整；②有利于各项技术的组装配套，加强了推广与科研的联系，提高了农业科技成果的转化率；③有利于促进产销衔接，起到中介服务的作用，有力推动了农业产业化经营；④有利于提高农业推广人员的素质，增强推

广组织机构的实力，促进了农业推广体系的改革。

（七）农业科技成果转化的制约因素

1. 地理自然环境因素

不同地区的土壤条件、水利条件、温度、光照、降水量等都是农业科技成果传播的制约因素。推广地区所处的位置若在平原地区，离城镇较近，由于交通方便，土地平坦，支农服务机构健全，农业科技成果很快就可以传播开来；若在山区等交通不便地区，产品销售运输费用大，投资有困难，也就较难推广。

2. 技术因素

农业科技成果的技术性质与科技成果转化关系很密切。立即见效的技术比较简单易学，转化时间短，如施用新化肥、新农药；相反，难度较大或带有风险性的技术，往往需要较多的知识、经验和技能，对农民的科学文化素质要求也较高，不具备相应的条件，农业科技成果就难以转化。此外，如果新技术与过去习惯的技术不协调，也会影响农业科技成果的转化。

3. 农民的接受能力偏低，限制了推广速度和范围

农民接受某一项科技成果时，都要先根据自己的经济情况、生产条件、对成果的认识和了解，判断自己是否达到对成果技术的初步掌握，然后才能下决心采用。许多农业科技成果的推广范围应该是很广的，但由于农民农业科技文化素质太低，经济条件也比较差，因此接受速度慢，合适的示范户难选，推广网形成慢，限制了成果的推广范围、速度和效益。

4. 推广和科研经费短缺

农业科技成果大都是一次性销售商品，其价值很难得到补偿，农民也很少有能力补偿，再加上农业科技成果应用的又是适应当地的延伸性成果（即根据当地情况加以改造才能应用，若无补贴很难推广），推广经费短缺，科研经费得不到补偿，使科研推广部门丧失了经济的活力，生产者缺乏应用成果的动力，推广部门没有能力形成适宜当地情况的推广创造力，科研没有后劲，以致形成科研、推广、生产脱节，很大程度上影响了成果的转化。

5. 家庭、社会机构及其他社会因素

农村的家庭结构关系，常常会对采用科学技术成果的决策产生影响。一般中、青年人，能较快接受新科技成果，老年人则较慢。家庭经济计划对采用技术成果也有影响，有的着重准备资金扩大再生产，有的把钱用来盖房办婚事。农村供销、信贷、交通运输等有关部门对技术推广的支持、配合，农民之间的相互合作，推广人员同各业务部门的关系、与农民群众的关系，也都影响着农业科技成果的转化。此外，农村社会的价值观、宗教及家族等社会因素也有一定的影响。

6. 农业推广组织体系与农业推广人员

农业科技成果的转化，离不开体系健全的农业推广组织，完善健全的农业推广组织是农业科技成果转化的良好通道，可以加快农业科技成果转化为现实生产力，有力促进"三农"发展。

农业推广人员在农业成果转化工作中处于主导地位，是农民与农业科技成果联系的桥梁和纽带。农业科技成果转化率很大程度上取决于农业推广人员的数量、专业技能、与综合素养。

（八）消除农业科技成果转化限制因素的对策

1. 加强对农业科技推广的组织领导，因地制宜建立推广服务网络

加强农业科技推广的组织领导要落到实处，职责分明，奖优罚劣，解决推广工作中的经费、人员队伍推广的组织形式等问题。根据所管辖区的地理特点，因地制宜设置相应的科技推广服务网络，服务农民。

2. 加强农业科技推广队伍建设，建立完善的推广体系

采取强有力的和行之有效的措施，加强农业科技推广队伍建设，重点是省以下的地区，特别是县、乡。有了强大的推广队伍，才能够迅速把农业科技成果转化为直接的生产力。必须保证和改善县、乡农技推广站（包括种子站、畜牧兽医站、植保站、农技站等）的经费、用房、工作及生产条件，充分调动农业科技推广人员的积极性。

3. 增强智力投资，建立科学的农民培训制度

增强智力投资，提高农民群众的科学文化水平，提高农民接受成果的能力，培训农民技术员，建立庞大的农民技术推广队伍。重点传授基本农业科技知识、经营管理、土肥、植保、耕作、育种等综合性农业技术等。

4. 加强农村信息网络的投入和建设

农村信息网络是传播农业政策、科技信息、技术推广、科研成果转化的重要途径。加强农村信息网络建设，可有力地推进农业科技成果的转化，缩短成果的转化周期，扩大推广范围、推广率和推广效益。

5. 疏通农业科技推广经费渠道

根据市场经济的运行规律，可通过技术承包、技术合同、技术转让、技术入股等形式，解决农业科技成果推广经费部分短缺的问题。

第 三 章

农业推广项目筛选与试验

本章学习目的

随科技飞速发展，我国农业科技成果日新月异层出不穷，但我国地域广阔，各地自然环境与气候条件各不相同，适宜应用的农业科技成果也会各不相同。因此，一名合格的农业推广人员要想合格地完成本职工作促进当地农业可持续发展，必须充分了解当地农业发展现状及当地农业自然资源及社会资源，因地制宜、因人而异地正确选择符合当地实际情况的农业推广项目。

探究学习

1. 农业推广项目调查方法要点与注意事项。
2. 筛选农业推广项目的原则与注意事项。
3. 农业推广试验的基本要领。
4. 农业推广项目可行性分析报告。

参考学习案例

1. 分析各省各地拳头产业的发展。
2. 德州建立产业扶贫"两库三审"长效机制，全年计划实施产业项目131个。

第一节　农业推广项目选择的依据及原则

前面重点介绍过如何建立农业推广资源库，在内容丰富、形式多样的资源库里筛选出符合农民、农村、农业发展需求的农业推广项目，是农业推广工作推动乡村振兴和农业可持续发展的关键步骤。

一、选择农业推广项目的前期调查分析

调查当地农业现状是选择农业推广项目的第一步。首先应对当地农业生产现状、农村经济发展现状、农民生活现状及农业科技推广现状进行调查。具体包括：调查推广区域的自然条件、生产条件、经营条件、技术应用条件等，以及社会与市场的需求。

在调查过程中可以通过各种渠道和应用各种手段，进行细致周密的调查，摸清推广项目中各个环节的现实情况、历史情况、本地情况及外地情况，情况必须真实、全面可靠，并尽可能有精确数据。调查时可以应用情报、文献分析或深入现场具体了解，可以下发统计表格或进行民意测验，也可以集体座谈或个别征询，还可以应用上下结合，专群结合等方法。

二、选择农业推广项目

经过细致全面的调查，充分了解当地自然条件、农业发展状况、农民素质，及市场需要后，应当结合这些情况进行统筹规划，选择适合当地实际情况的农业推广项目。

（一）选择依据

1. 农民的需要

农业推广是为农村社会和农民服务的，农民的需要是制定农业推广项目计划的主要依据之一。农业推广项目必须符合农民的利益，满足农民的生产生活需求。不同地区的农民所处的经济条件、生活条件和环境条件各异，对推广工作的要求不尽相同，在制定农业推广项目计划时，一定要充分考虑地区间的农民需求差异，尽量满足当地大多数农民的生产和生活要求。

2. 社会的需要

发展生产的最终目的是满足社会的需要。农业推广项目计划也同其他任何计划一样，都是社会长期发展计划的一部分。农业推广项目计划要同社会的长期发展计划有机结合起来，保持计划在宏观整体上的一致性。社会需要增加粮食和经济的生产，为城乡提供食品和工业原料，增加农副产品出口创汇等，在制定计划时都要加以认真考虑。

不同地区以及不同历史时期其自然条件、生活习惯和经济状况都不尽一样，社会需要自然也就各不相同。所以，我们在制定推广项目计划时要考虑各地区的差异和不同需求，尽可能做到因地制宜、因时制宜，做到既能合理利用当地自然、经济等各种资源优势，又能满足社会需要。

3. 市场的需要

随着社会主义市场经济体制的建立，面对农业结构调整、农业产业化经营，农业科技推广的重点也必须相应调整。因此，围绕新阶段我国"三农"发展与乡村振兴的需求特点，选择一批先进、适用、成熟的农业技术，加大推广力度，加速农业科技成果转化和产业化进程，努力解决产量与品质，增产与增收矛盾中的技术难题，有利于农业结构调整和农业增长方式的转变，有利于农业和农村经济的持续、稳定和健康发展。

4. 地方产业发展的需要

我国现阶段的农业生产，除满足农民生活需求，基本为以实现效益为主要目的的农业商品化生产。农业产业化的形成、发展和完善程度，在很大程度上决定了地区农业商品化生产及经济发展的水平。因此，在制定推广项目计划时，必须充分考虑农村产业发展的需要，紧紧围绕农村产业发展对新品种、新材料、新技术、新工艺等的需要，制定切实可行的推广项目计划。

5. 企业发展的需要

随着我国社会主义市场经济的进一步发展和完善，农业新品种、新材料、新技术、新工艺等的研制开发，除了政府及国家事业科研单位外，许多企业为了自身的发展，也积极加入农作物新品种、新农药、新肥料和新技术的选育、研制与开发之中。对于所取得的新的技术成果，将以最快的速度列入各级地方政府和企业自身的推广计划之中。因此，在当前我国社会及农业发展的新时期，企业发展的需要也成了制定农业推广项目计划的重要依据之一。

6. 专家的意见

从事农业科技工作的专家，由于精通理论和长期工作的实践，在技术上具有权威性。他们根据国内外的科技信息，结合当地实际情况，从历史经验和现实需要出发，提出需要改革的技术措施和推广目标，是需要在制订推广项目计划时认真加以考虑的。

以上几个方面的依据应有机结合、融为一体，只有有机地融为了一体，才能充分地体现客观需求与农民利益的一致性，实现政府和企业的有机结合，才能真正为农民所认可、被社会所需求，实现其真正的价值，得到快速推广。

（二）选择原则

结合当地实际情况，准确地选择农业推广项目，是决定农业推广工作成效大小的重要前提。因此，选择项目时要遵循以下原则：

1. 项目的先进性

即所选项目的技术要新、要先进，尽量选择国内或区域内最新的科研成果和最先进的技术，以满足农民生产和当地产业快速发展的需要。

2. 项目的成熟性

项目的成熟性是指项目的可靠性和相对稳定性，这是保证项目取得成功的基本条件。所选项目在满足其技术要求的条件下，必须是真正有效的，并且稳定可靠，不会在年度间、区域间发生大的变化与波动，以免给生产造成损失或造成人、财、物的浪费。

3. 项目的适应性

每项科技成果都是在特定的地域条件和自然、生产条件下形成的。因此，引进和选择项目时，首先要考虑该项目对当地自然条件和生产条件的适应性。科技项目只有在适宜地区推广，才能发挥应有的效果。

4. 技术的综合性

选择推广技术项目时，应注意项目技术的综合性，尽可能将相关科技成果与技术组装配套，综合推广应用，形成相对完整的技术体系，以充分发挥技术效益。

5. 经济的合理性

经济的合理性具体包括：一是项目要有最佳的投入产出比，也就是要选择那些投资少、见效快、效益高的项目，不仅要有显著经济效益，还要有显著的社会效益和生态效益；二是项目产品要符合社会的需求，经济效益要高。市场经济下的商品生产，其最终目的都是直接或间接地满足社会需要。因此，推广项目的选择必须兼顾产品的市场需求和效益。只有品质好、产量高，才能卖得快、卖价高、效益好，才更有利于推广。

6. 要符合农民需要

推广农业科技首先是为农民服务的，因此，选择项目必须符合农民利益。也就是说，既要看项目投资大小、见效快慢、效益高低，而且要看项目要求的条件是否符合农民所处的经济条件、环境条件。

7. 要符合现行的产业和技术政策

产业和技术政策是一定时期国家发展产业和推广技术的各项法律法规。推广的项目必须符合现行的国家农业产业发展和技术推广的政策要求，才能得到政府支持和农民认可。与国家现行产业和技术政策相抵触的项目不能列为推广项目。

8. 技术要求应与农民的接受能力相一致

农民是农业推广项目的接受者，项目推广的程度和效果如何，取决于农民对该项技术的接受和掌握程度。农民接受技术的能力越强，取得的效益越高，

推广就越快。因此,在选择项目时必须考虑农民的接受能力,要选择那些经过培训、农民能够掌握的技术。

9. 项目产品的需求性

在市场经济发展中,推广任何农业项目的最终目的,都是为了直接或间接满足消费者的需求,因此,推广项目的选择必须兼顾产品的市场需求,既考虑产品的产量,还要考虑产品的质量。

综合考虑上述原则,结合当地农业发展现状,选择适合当地农业发展实际情况的适销对路的农业推广项目。

三、分析农业推广项目的可行性

初步选择了适合当地实际情况的农业推广项目后,要多方面进行项目的可行性分析。先从生态地理条件、农民的文化水平与认识基础、技术成熟程度、技术推广力量、地方政府的重视程度、前期推广基础、资金投入与保障情况、物资保障、组织管理以及经济效益、社会效益和生态效益等各有关方面论述推广项目的可行性、科学性、先进性和合理性,并结合本地生产发展、科技发展状况,提出符合客观条件和促进经济发展的目标。然后,对一些必须经过实地试验才能确定是否适宜某地需要的农业项目,还需要进行进一步试验,以确定其可行性。

第二节 开展农业推广试验的技能

先试验后示范再推广是农业技术推广的基本程序。一般来说,对来自科研机构、高等院校的科研成果,国外、省外的引进技术等,在正式大面积推广以前,都要首先进行推广试验。经过推广试验,进一步验证新成果和新技术的正确性和可靠性,明确其适用范围和技术环节,考察其增产增收效益,并结合当地自然条件和生产条件进行技术改进,然后才能进一步进行示范和大面积推广。可见推广试验是科学研究的延续,是对准备推广的成果和技术的质的再创造,是农业技术推广必不可少的重要环节。除进行推广试验外,各级农业推广机构每年还可能承担一些来自科研机构和高等院校的试验研究项目。因此,试验技能对农业推广人员来说是一项基本的、重要的、常用的技能。

一、农业推广试验的类型

在农业推广过程中,不论是种植业还是养殖业,均需要做各式各样的试验，由于这些试验可能在规模上有大有小，时间有长有短，涉及的因素有多有少，因而有多种分类方法。按因素多少可分为单因子、多因子或综合试验；按时间可分为一年或多年；按小区大小可分为小区和大区试验；按试验性质划分，一般可归纳为技术适应性试验、探讨开发性试验和综合性试验三大类型。

（一）技术适应性试验

技术适应性试验是将国内外科研单位、大专院校的研究成果，或外地农民群众在生产实践中总结出的经验成果，引入本地区、本单位后，在较小规模（或面积）上进行的适应性试验。适应性试验的主要目的是观测检验新技术成果在本地区的适应性和推广价值。任何一个新品种、一项新技术、新经验都有其产生和推广的条件，因而不可盲目引进推广。即使通过认真地常识性分析，从生态环境、生产条件各方面判断估计，认为这些新品种、新技术、新经验在当地大体上有增产增收的把握，但不等于完全有把握。因为拟引入的技术成果，不论是权威科研机构还是群众创造的，其信息都是通过书报、杂志、网络、广播、电视等新闻媒体，或是会议介绍、短期参观考察等渠道获得。这些技术成果对于推广者来讲都是间接的经验，缺乏感性认识，理解不深，技术要点掌握不准，不经试验就大面积推广，常常会发生各种各样的问题，不仅会影响新技术的实际效果，有时还会造成严重损失，挫伤群众采纳新技术的积极性。

（二）探讨开发性试验

开发性试验，是指对于某些引进的新技术、新品种、新项目进行探讨性的改进试验。以寻求该项新技术成果在本地最佳实施方案，使其更加符合当地的生产实际，技术的经济效益得到更充分的发挥。开发性试验是理论联系实际对原有技术成果进行改进创新的重要过程。例如，一个新引进的作物品种，通过适应性试验仅可验证它在生育期、冬春性、成熟期等方面，是否与当地的光照、温度、降水量和分布情况及耕作制度是相适应；而这个品种在本地区的最佳播种期、播种密度、最适宜的行株距，以及肥水最佳施用量、施用时期等并不清楚，必须做一些单因素多水平或多因素多水平的因子试验，寻找出在当地种植的最佳技术参数，以修正或改进原育种单位在特定条件下所获得的推荐参数。

（三）综合性试验

综合性试验从理论上讲也是一种多因素试验，但与多因素试验的不同在于，试验所涉及因素的各水平不构成平衡的处理组合，而是将若干因素已知的最佳水平组合在一起作为试验处理。实际上，综合试验就是以第一目标为主线将多个相关内容的技术成果的组装集成。

综合性试验的目的在于探讨包括一系列相关因素某些处理组合的综合作用，它不研究个别因素的独立效应和各因素间的交互作用。所以这类试验必须在对于起主导作用的若干因素及其交互作用已经基本清楚的基础上才能进行。选择一种或多种综合性试验作为新的技术处理与当地传统技术做对比，对迅速推广某些组装配套技术，可收到良好效果。

二、农业推广试验基本要求

（一）推广试验常用术语

1. 试验因素和处理

试验因素也叫试验因子，处理也叫水平或位级。在试验中需要解决的问题统称为试验因素，如进行种植业的品种试验、密度试验和肥料试验中的品种、密度和肥料统称为试验因素。在试验因素中设置若干个不同级别，称为处理或水平。若在品种试验中有 5 个品种，即称 5 个处理或 5 个水平。

2. 单因素试验和唯一差异原则

在一个试验中只研究某一个因素的若干处理称为单因素试验。如进行猪的 4 种饲料配方饲养试验，饲料配方是试验中的唯一因素，4 种配方即 4 个处理，简称单因素 4 个处理的试验。在单因素试验中，除因素的处理不同外，其他一切条件应力求一致，称为唯一差异原则；在多因素试验中，也同样要遵循唯一差异原则，即除处理组合不同外，其他条件应尽量保持一致。

3. 多因素试验和处理组合

一个试验中同时研究两个或两个以上的因素叫多因素试验，也称复因素、复因子或多因子试验。各因素内部分为几个处理，多因素中不同处理的配合即称处理组合，处理的全部组合数等于各因素处理数乘积。多因素试验比单因素试验有利于了解几个因素的综合作用和几个因素间的相互关系，能较全面地说明问题，试验结果更接近客观上存在的多因素综合作用的生产实际，但试验规模大，试验条件更难控制，尤其是养殖业中的多因素试验，需要投入大量的资金兴建相应圈舍。

4. 总体与样本、参数与统计值

总体也叫母体或全体，是指研究对象的全部个体组成的集团，一般包括的个体数目是无穷多的，是设想的或抽象的，是期望而得不到的。如要调查全国黑白花牛患结核病的情况，全国所有黑白花奶牛为我们要调查的总体，而每头黑白花奶牛则是总体中的一个个体，因个体数太多，实际很难做到，所以总体

的结果往往是抽象的理论值。从总体的性质上看,可分为有限总体和无限总体两种,总体中个体数有限的称有限总体,个体数无限的称为无限总体。样本也叫子样或样品,即从总体中抽取一部分个体组成的集团,它是总体的一部分,也是总体的代表。只有随机样本才能代表总体,即总体中全部个体被抽取的机会是平等的,这样从总体中被抽取的个体所组成的样本才有代表性。实际上在农业试验中,调查和试验资料都是样本资料,也必须具有随机样本性质。样本中个体数在 30 个以下称为小样本,大于、等于 30 个叫大样本。由总体计算得到的代表值叫参数。如总体平均数、总体标准差等都称为参数,也叫常数,是一个不变的理论值,总体参数是期望而得不到的值。由样本计算所得的代表值叫统计值。如样本平均数、样本标准差等都称为统计值,也叫统计量或变数,它可以从总体中随机抽取一部分个体观察值而求得,但由于同一总体随机抽取不同样本的统计值,彼此并不完全相等,是有差异的,故也叫变数。农业试验结果都应该看成是样本的统计值,在理论分析时,往往用样本统计值作为总体参数的估计值,两者之间实际上存在一定的误差。

5. 试验误差和系统误差

从理论上分析,同一总体中不同样本统计值之间的差异,都是由于抽样引起的,此种误差叫抽样误差。从生产实际存在的事实分析,如在相同条件下饲养同窝幼猪 5 头,肥育 100 天,5 头猪增重不相同;同一地段、同一品种、生育一致的作物分成若干等面积小区,彼此产量也有差异,这说明在动植物生育过程中还存在一些人们无法控制的偶然原因的作用而使结果发生差异,此种差异在农业试验中统称为试验误差。

在农业试验中,试验误差是不可避免的。试验对象是有生命活动的动植物,存在着人们无法控制的一些偶然因素的影响,其试验误差常比工业的、理化的试验误差大得多。因此,必须千方百计从各方面降低误差。为了降低试验误差,应该注意选择同质一致的试验材料,试验管理和操作条件要规范化、标准化,同时要控制引起差异的主要外界因素等。

系统误差指在一个试验中,存在着一种或几种条件在处理间有不平等待遇,此时认为该试验中存在系统误差。试验中系统误差往往被人们所忽视。如果试验结果中混入了系统误差,将使试验结果失真,导致错误的试验结论。严格来讲,存在系统误差的试验只能报废。如仔猪肥育试验,共有 2 个饲料配方处理,两个处理仔猪选择同一品种同一天产仔的两头母猪的后代,即一个母猪产的 5 头仔猪喂一种饲料,另一头母猪产的 5 头仔猪喂另一种饲料。分析这个试验中存在着母体遗传基因不同所造成的系统误差,由于系统误差与处理的差异混杂在一起，试验结果不能反映处理的真实差异，也无法把它们区分开来，只能使试验前功尽弃。再如在动植物品种评比试验中，如果育种工作者承担有自育品种参加的区试任务，曾大量发现自育品种的名次或增产率大大高于其他区试点，这是育种者有意或无意优待偏袒自育品种引起的系统误差，违背了所有参试品种平等比较原则。所以育种单位不能承担有自育品种参加的区试工作，或者其结果不能作为评审品种的依据。在试验中一定要排除对处理间有不平等待遇的原因和条件，目的就是避免试验中的系统误差。

千方百计降低试验误差和避免系统误差，是试验工作最核心的内容。

6. 精确度和准确度

精确度是指同一试验中，相同处理不同重复观察值之间的接近程度。试验误差是衡量试验精确度的依据，误差越小说明精确度越高，误差越大则精确度越低。误差大小即试验精确度高低，是衡量试验是否精准的依据。

准确度是指统计值接近参数真值的程度，系统误差大小是衡量试验准确度高低的依据。避免系统误差，就是要求获取准确度高的试验结果。

就一个试验资料分析，精确度很高，并不能说明准确度也一定很高；反之准确度高，未必精确度也必然高。进行试验，首先应该注意获取准确度高的试验数据，同时又要获得精确度也高的实验结果。

（二）推广试验的基本要求

无论种植业还是养殖业的推广试验，要想得到准确可靠的结果，都必须满足以下基本要求。

1. 试验的目的要明确

试验目的必须明确。要明确当地农业生产中存在什么问题，如何去解决，解决后可能出现的情况等，即对试验的预期结果及其在生产中的作用要心中有数；试验项目应首先抓住当时当地的生产实际中急需解决的问题，适当兼顾长远可能出现的问题。

2. 试验结果要可靠

试验结果的可靠包括试验的准确度和精确度两个方面。准确度就是避免试验过程中可能出现的系统误差；精确度指试验误差的大小，试验中尽可能降低试验误差，就是为了处理间精确比较。当试验中存在较大的系统误差时，无论精确度高还是低，试验结果都是不可靠的。因此在进行试验的全过程中，要采取一切办法避免系统误差，还要特别注意避免工作中人为的差错。为了试验精确，要充分注意试验条件的一致性，田间试验中要选好试验地，养殖试验中要选好试材，并注意选用相应的试验设计，以减少误差，提高试验结果可靠性。

如果在试验中，除处理间差异外，还存在着其他条件不一致，试验中可能存在系统误差和大的试验误差，将无法判断造成处理间差异的真正原因，因而降低或丧失试验结果的价值，甚至导致错误的结论。

3. 试验条件要有代表性

代表性是指试验条件应能代表将来准备采用这种成果地区的自然条件和生产条件。例如田间试验中选用试验地的土壤种类、结构、地势、土壤肥力、气象条件、耕作制度、管理水平等都应当具有代表性；在养殖业试验中，建造饲舍的标准，内部设备机械化、自动化水平等要与当地的生产现状及经济条件相适应。这对于决定试验结果在当时当地的具体条件下可能推广的程度具有重要意义。试验条件具有代表性，新品种或新技术在试验中的表现，能真正反映今后准备应用和推广地区实际生产的表现。试验条件的代表性，既要考虑当地当前生产实际，又要预见近期发展的需要，应该做到当前与长远相结合。例如有些试验项目，根据长远的需要，可在高于一般生产水平条件下进行试验，使高新技术在试验中的表现能真正反映数年后生产条件不断变化发展的要求。

4. 试验结果要有重演性

重演性是指在一定条件下进行相同试验时，能获得类似的试验结果，证明试验结果的可信性，这对于成果推广具有重要意义。种植业田间试验受复杂的自然条件和生产条件影响，不同地区或不同年份进行相同试验，往往结果不同；即使在一定条件下，试验结果有时也有出入。这可能受地区间或年份间自然条件变化的影响，也可能由于原试验不够准确或缺乏代表性，也可能两者兼有。为了保证试验结果的重演性，必须正确执行试验方案中所有的环节。为了正确判断结果，对农业试验也需要进行多年或多点的重复试验，才能正确把握和了解新技术的特征表现，验证试验结果是否重演，新技术与自然条件、生产条件的关系，分析试验中出现各种问题的原因，从中找出规律性的东西。所以农业试验一般不宜根据一年或一个点的试验结果而过早下结论。

（三）试验设计的基本原则

试验设计的目的主要是估计试验处理效应和控制试验误差，以便合理地进行分析，作出正确的推断。一个好的试验设计具有较高的试验效率，使试验工作者能从试验结果中获得无偏差的处理平均值和误差估计量，从而能进行正确而有效的比较，作出符合客观实际的结论。要做好试验，降低试验误差，必须了解试验中主要受哪些非处理因素的影响，并从试验设计中加以控制。

1. 重复原则

试验中同一处理出现的次数，称为重复。在田间试验中，同一处理种植的小区数为重复次数；在畜牧试验中，同一处理设置的头数或圈数为重复次数。重复的主要作用是估计试验误差、降低试验误差。一个试验中没有重复就无法估计误差大小，因为试验误差是从同一处理不同重复间的差异求得。试验误差大小与重复次数的平方根成反比，重复次数多，则误差小。另外，多次重复求得的处理平均数比一次重复的数值更为可靠，使处理间比较更为可靠。做一个试验，重复次数应该为多少，可根据试验条件、试验要求、供试材料和试验设计而定。当除了处理条件不同外，其他非处理条件非常一致时，如盆栽或温室内做试验，重复次数可少些，否则可多些；试验要求精确度高，重复次数应多些，反之可少些；供试验材料有限时可少些。另外，有些特殊试验设计要求重复次数是固定的，如拉丁方设计中要求重复次数必须等于处理数。目前农业试验中、一般重复次数为 2～5 次。

2. 随机原则

由于不同处理间所处的环境条件、供试材料等或多或少存在差异，为避免人为因素的影响，不同处理应平等分配，即必须使用随机分配的方法，一般在每个重复区组中每个处理或处理组合应随机出现一次。在农业试验中，常用抽签的方法决定处理小区位置。随机排列与重复结合，试验就能提供无偏试验误差估计值。要求试验中每一个处理都有平等的机会设置在任何一个试验小区（试验单位）上，只有随机排列才能满足这个要求。

3. 局部控制原则

局部控制是指在试验时采用各种技术措施，来控制和减少处理因素以外其他各种因素对试验结果的影响，使试验误差降到最小，保证试验结果正确可信。在田间试验中，试验地土壤肥力差异是试验误差的主要来源之一，它通常表现为相邻土壤地段内肥力较一致。试验中增加重复次数，相应要扩大试验田面积，也相应增大试验地的肥力差异，为了使重复更有效地降低试验误差，重复与局部控制相结合是有效手段之一。局部控制就是把试验地分为与重复次数相等的区组数。为了使同一区组内土壤肥力尽可能一致，要把区组的长边方向垂直于肥力梯度；在每个重复区组内随机排列各处理小区时，应注意小区的长边方向应平行于肥力梯度，达到在同一重复区组内各处理小区取得相对相同的肥力待遇。在同一区组内，无论土壤肥力条件，还是一切管理措施的质量、数量和时间，要求都尽可能一致；把相对不一致性放在区组间，这就是局部控制。在畜牧试验中的局部控制，首先是对试验动物的选择要尽量做到一致，同一区组内不但品种、性别、年龄相同，而且应该体重相同；另外，在同一区组内要尽量创造完全相同的环境条件，如同一区组内的畜禽应争取放在同一圈或条件完全相同的畜禽圈舍内饲养，并应在同一时间里进行；供试畜禽应由同一个人饲养，试验过程中还要及时控制和排除来自外界的干扰因素。

以上所述的重复、随机和局部控制被称为试验设计的三条基本原则。重复可降低试验误差和估计试验误差；随机是为了校正无偏估计试验误差；局部控制则有利于降低试验误差。

三、推广试验误差及其控制

（一）推广试验误差的来源

在推广试验中，无论种植业试验还是养殖业试验，往往都会受到许多非处理因素的干扰，进而产生试验误差，使试验处理的效应不能真实地反映出来，从而影响到试验的精确性。试验误差是衡量试验精确性的依据，只有最大限度地减少试验误差，才能正确评定试验的处理效应。但由于推广试验的对象是活的动植物有机体，加之外界条件十分复杂多变，因此完全避免试验误差是不可能的，只能从了解试验误差的来源入手，以便最大限度地减少误差。试验误差的来源有以下几个方面。

1. 试验材料固有的差异

这是由于供试动植物在自身遗传性上和生长发育状况上存在或多或少的差异而带来的误差，如植物的基因不纯、种子大小不同等；动物的基因型不同，体重大小不一，生理状况不一等。

2. 试验时农事操作（或饲养管理）不一致引起的差异

这是指在试验过程中，如种植业试验在耕作、播种、田间管理等方面；养殖业试验饲养管理中，日粮的配合，饲养技术、管理方法、畜舍笼位等方面，在质量和数量上不完全均匀一致所造成的差异。还有在对某种性状进行观察测定的时间、标准也可能不完全一致，也会造成误差。

3. 外界条件的差异

在种植业试验中，由于试验地的土壤差异及肥力不均匀，这是试验误差中影响最大也是最难以控制的，其他如病虫害的侵袭、人畜践踏、风雨影响等也都会造成一定误差。在养殖业试验中则是指不易控制的自然环境的差异，如栏舍温度、湿度的差异，偶发的疾病等，需要指出的是，由以上三种原因产生的误差，它们对试验处理的影响是带有随机性的，在试验过程中尽管非常小心地进行管理，但也难以完全消除，所以又叫随机误差，也就是通常说的试验误差，而且是在统计分析中必须估计的误差。试验中还可能出现的另一种误差为系统误差，系统误差只要在试验中认真注意是容易控制和消除的。还有，试验误差与试验中发生的人为差错是完全不同的，前者是不能完全避免的，而后者则是不允许发生的，只要工作仔细严密，是完全可以避免的。

（二）种植业试验误差的控制

种植业试验对象主要是各种作物，试验主要在田间条件下进行。试验误差主要来源于试验地、试验材料和人为技术管理措施。试验地土壤肥力差异是普遍存在的，国内外许多学者曾通过"空白试验"证明了这一点。空白试验就是同一块地在不施肥条件下，种同一作物和相同管理情况下，收获时划成许多等面积小区分别计产，结果发现各小区间产量均有一定差异，并发现一般相邻小区间差异比较小，在地形稍有坡向时，有肥力随地块缓降而增加的规律性；土壤肥力差异另一种表现形式是斑块状差异，面积可大可小，分布无一定规则。土壤肥力差异往往在土壤形成过程中就已产生，例如冲积土壤就有砂土、壤土和黏土之分，土壤内部所含的矿物质和其物理性状直接影响土壤肥力；另外，在土壤利用过程中也会引起土壤肥力差异，例如前茬作物不同，耕作、栽培、施肥、灌溉等农业技术不一致，土壤肥力也就不一致，土壤肥力差异还具有持久性的特点，特别是施用有机肥数量不同、起高垫低的地块等，肥力差异将维持若干年。

观察土壤肥力差异，最简单的就是用目测法，在作物生长关键时期，如禾本科作物在拔节前后和成熟初期观察作物长相、叶色、发育等是否一致。为了降低田间试验误差，应注意试验地的选择与培养，掌握小区技术和重视试验田田间管理。

1. 试验地的选择与培养

正确选择试验地是使土壤肥力差异减少到最低限度的一个重要措施，对提高试验精确度有很大的作用。除试验地所在的自然条件和生产条件应该有代表性外，还应注意下列要求：

（1）试验地土壤肥力要均匀一致。土壤肥力差异是受多种因素综合作用的结果，选地最好要早动手，对预选试验地提前到在前茬作物对肥力反应的敏感阶段进行考察判断，选择前茬作物生长均匀一致的地段作为入选试验地。在预选试验地块时，必须考察地块的使用历史。首先试验地不宜连年使用，另外近几年内原是道路、畜圈、粪坑、沟渠、房基地、起高垫低地、套种地和原肥料试验用地等，均不宜选作试验田。若条件所限必须用这种田块时，应该进行一次或多次匀田种植。匀田种植的做法与空白试验相同。由于匀田种植是为了减少土壤差异，所以只需要观察匀田种植作物生长是否均匀一致，不必划分小区分收分打。若一次匀田种植达不到目的，可进行多次，一直到作物生长均匀一致时才能作为试验地。

（2）试验地块要平坦整齐。高低不平、坡度不同的地块，往往土壤质地、温度、水分和养分上都会发生差异，用作试验地时会因误差大，严重影响试验结果精确度。当缺少非常平坦的土地时，应选择坡降均匀缓慢、上下土质和耕层差异小的地为试验地。要特别注意重复区组长边垂直于坡向、区组内小区长边平行于坡向，使肥力水平和排水条件较为一致。

（3）试验地的位置要适当。试验地最好选择在前茬一致并与试验作物相同的生产田当中，以利保护试验地；尽力避开高大的树木和建筑物，选在阳光充足四周有较大空旷地的田块；不要选在交通要道和村庄附近，以免遭尘土、人、畜、禽等的危害；也不宜选在离住处较远偏僻的地段，否则不利于及时观察和田间管理。把同一块地连年作为试验地，这是不可取的，因为试验地经过一年不同处理试验，特别是肥料试验后，原试验地土壤肥力一致性已受到影响。一个单位应建立试验地与生产地轮换制，作为一般生产地可起到原试验地的匀田作用，所以试验单位至少应有二组以上的试验地，一组田块进行试验，其他组作为生产地匀田种植，年年轮换。

2. 控制土壤肥力差异的小区技术

控制土壤肥力差异、减少试验误差的小区技术，包括小区面积、形状、对照区、保护行、重复区组和小区排列等内容。

（1）试验小区的面积。在田间试验中，安排一个处理的小块地段称为试验小区，简称小区。小区面积大小，对于减少土壤肥力差异的影响和提高试验精确度有重要影响。一般来说，小区面积增大可减少试验误差，因小的小区更有可能单独占有较瘦或较肥的地块，从而使小区间土壤肥力差异增大；当小区面积扩大时，则较大的小区有可能同时包括又肥又瘦的地块，应相应缩小小区间土壤差异，从而降低误差。但必须指出，小区增加到一定面积时，误差的降低作用就不明显了。所以如果采用很大的小区，并不能相应有效地降低误差，还要投入更多的人力和物力。在一定面积的试验田上，增加重复次数及减少小区面积，比减少重复次数增加小区面积更有利于降低误差。具体确定小区面积时，还要考虑以下具体情况。

第一，试验种类。机械化试验、肥水试验、耕作制度试验和病虫害防治试验等，因相邻小区处理间有相互渗透或相互干扰，只有较大的小区才能有足够的代表性；引种初期观察阶段，小区面积可小些；处理较少、精确度要求高时，小区面积可大些，反之可小些。

第二，作物种类。果树、林木等植物试验，在小区中保证一定株数条件下，小区面积受植株体积大小的影响，乔化果林较灌木果林小区应大些，乔化果树较矮化果树小区要大些，树势强弱不一比树势整齐一致的小区要大些。在大田作物中，高秆大株或种植密度小的作物如玉米、高粱、甘蔗、棉花、薯类等作物，相比种植密度大的稻麦等作物，小区面积要大些。同样，宜密植的蔬菜相比宜稀植的蔬菜，小区面积可小些。

第三，边际效应和生长竞争。小区大小还要考虑边际效应和生长竞争的大小。边际效应是指小区两边或两端的植株占有较大空间而表现出的生长优势；生长竞争是指相邻小区间不同品种、不同肥料、不同灌溉处理时，通常将有一行或更多边行受到影响，受益方表现出生长优势，而受抑制方则生长不利。试验中边际效应和生长竞争大的，必须扩大小区面积，把小区中受影响的边行和两端在计产时剔除，以利减少误差和避免系统误差。剔除多少行要看边际效应和生长竞争程度而定，一般掌握在 1～3 行，两端除去 0.5～1 米，观察记载和产量计算应在计产面积上进行。

第四，小区面积大小还要考虑试验地土壤差异、试验中处理数和重复次数。试验地土壤差异较大，小区面积可相应增大；重复次数多，处理数较多，小区可小些。小区面积大小无硬性规定，有多次重复的试验小区变动范围为 6.67～66.67 米^2，示范田在 333.33 米^2 左右。联合国粮食及农业组织发行的《谷类种子技术》一书中，提出稻麦品种比较试验的小区面积为 5～15 米^2；玉米品种比较试验为 15～25 米^2。

（2）试验小区的形状和方向。适当的小区形状对提高试验精确度有一定的作用。小区形状是小区长度与宽度的比例。通常情况下，长方形尤其是狭长形小区，其试验误差比方形小区要小。不论是呈梯度还是呈斑块状的土壤，肥力均有差异。采用狭长形小区能较全面地包括不同肥力的土壤，相应减少小区间的土壤差异，提高精确度。当试验地上壤差异有明显的梯度变化时，小区长的一边应与梯度方向平行，在不得已情况下，例如试验地的前茬不同时，小区长边方向应垂直于不同的前茬作物，使各处理小区内部包括均等的不同前作。狭长小区还有利于试验地管理操作和田间观察记载，一般长方形小区长宽比范围为（3～10）：1。但对于处理间边际效应和生长竞争较明显的试验，为了把处理小区间相互有影响的边行剔除，采用近方形或方形的小区中彼此无影响的中间若干行产量，进行处理间正确比较。对于试验地土壤差异表现形式不清楚时，用方形小区不会产生最大的误差。采用拉丁方设计时，由于试验中有两向区组的局部控制，小区形状可随试验地实际情况灵活掌握。

（3）对照区设置。田间试验应设置对照小区，又称标准区，常以 CK 表示，作为其他处理比较的标准。有比较才能有鉴别，对照应该是当地推广的良种或最广泛应用的栽培技术措施。通常在一个试验中只有一个对照，作为衡量试验中新品种或新技术优劣的标准。但有时为了适应某种要求，可同时采用二个对照，分别用 CK_1、CK_2 表示。如当地目前大面积种植有两个品种，此时可把这两个品种同时作为对照。对照一般作为试验中一个处理对待，即在每个重复区组中只占一个小区；当利用对照区估计或矫正试验地的土壤差异时，可每隔 2、4（或 9）个处理设置一个对照区，这种方法主要在引种品种数很多时才使用，即采用对比法或间比法排列时使用。

（4）保护行设置。在田间试验中，为了使试验地不受外来因素如人、畜的践踏和损害，应在试验地周围种植同一作物作为保护行；为了消除在重复区组内两端边缘小区存在的边际效应，应在两端小区旁设置保护行；为了消除小区间影响，如不同品种株高差异大，不同施肥处理、不同灌水处理等，处理小区间有相互干扰或生长竞争，此时必须在处理小区间设置保护行。保护行的多少，掌握在小区间彼此无影响即可。不同小区间不存在相互影响时，小区间可不设保护行。在保证试验处理间能正确比较的前提下，确定是否设置保护行、设置什么样的保护行、保护行种多少行或多大面积。

（5）重复区组和小区的排列。全部重复区组可排成一排，也可两排或同一个重复区组排成一排，视试验地形状而定，但同一重复区组不能分裂在两排上。重复区组排列应特别注意在同一个重复区组内的土壤肥力条件应尽可能一致，而不同重复区组间可以存在较大的差异。区组内差异小，能有效地减少试验误差；区组间差异大，并不增大试验误差。小区在各重复区组内的排列，在育种试验中，由于材料很多，又要便于与对照观察比较，采用顺序排列的对比法或间比法；在推广试验中，由于处理数较小，试验精确度要求高，一般都采用随机排列。

四、农业推广试验的实施

在试验原理的指导下，根据试验的目的和要求，选择相应的试验设计，是进行试验的前提，实施则是试验成功的关键。农业的基础产业为种植业，因此，此处以种植业试验为代表介绍农业推广试验的实施。

（一）种植业试验的类型

1. 按试验内容分类

（1）品种试验。主要有品种比较试验、品种区域试验、品种适应性试验等。

（2）栽培试验。主要试验各种栽培技术的增产作用，如不同播种期、不同密度、不同种植方式等进行比较。

（3）土壤肥料试验。主要研究各种类型土壤及不同作物的施肥种类、施肥量、施肥时期、施肥方式的效果，盐碱地、复垦地的土壤改良措施等。

（4）病虫草害防治试验。主要研究病虫草害的防治措施和新农药的药效等。

2. 按试验因素多少分类

（1）单因素试验。只研究一个因素的试验叫单因素试验。如咖啡品种比较试验中只有"品种"这一个因素，除了这一个因素外，其他因素是相对一致的。

（2）多因素试验。包括两个以上试验因素的试验叫多因素试验。例如同时考察品种和密度两个因素的试验。

（3）综合性丰产试验。把多种丰产措施组合在一起以获得高产的试验称为综合性丰产试验。如作物模式化栽培中将密度、施肥量、播期、灌水、化控等多个措施组合而成的综合农业措施模式试验。

3. 按试验小区大小分类

（1）小区试验。在小区试验中，每个水平或处理一次所占的土地（小区）的面积较小（6.67～66.67 米^2），这是试验探索阶段多采用的形式。

（2）大区试验。又叫中间试验。当小区试验进行到一定阶段后，有效的增产措施已基本明确，在此基础上再进行大区试验。一般每个区的面积在333.33 米^{2}以上，试验地代表性已接近大田水平，同时起到了初步的示范作用，为大面积示范推广奠定了基础。

（二）种植业试验方案的拟定

试验方案是指试验中根据试验目的和要求进行比较的整个试验处理的总称。主要包括优选试验课题、确定试验因素和合理选好处理等。

1. 优选试验课题

种植业推广试验课题选择范围如下：

（1）农业生产上拟采用的新技术，在当地尚缺乏实践和认识，可以通过试验来回答疑问和统一认识。

（2）引进外地先进技术在本地推广前，必须先进行试验，通过试验证明适宜当地使用，起到示范作用；不适宜当地应用，可避免因盲目推广致使生产造成损失。

（3）对最新科学研究成果，要进行适应性试验，通过试验全过程的观察分析，确定在本地能否推广，在什么条件下才能推广。

（4）技术革新或从根本上改变农业生产面貌的超前科学试验，也只有通过探索性的对比研究，将整个研究过程和结果展示出来，以利大家参观学习，增加新知识，得到新认识。

总之，推广工作者必须深入到当地农业生产实践中，进行广泛调查研究，找出当前农业生产持续发展中存在的关键问题，作为选题依据之一；同时推广工作者要持之以恒，刻苦钻研业务，及时掌握和分析国内外农业科学的最新发展，充分利用最新科技成就选择好先进的试验课题。

2. 确定试验因素

根据推广试验中提出的问题，确定进行单因素试验还是多因素试验。如引进新品种试验时，如试验目的主要评定新品种的丰产性、适应性和抗逆性时，一般不要加入其他试验因素，选择典型的不同生态点进行品种比较试验即可。只要单因素试验能解决的问题，就不要用多因素试验；当必须采用多因素试验时，也不宜过于繁杂，否则不仅工作量增加，而且增加了控制试验误差的难度，观察记载、结果分析比较困难。当需要了解因素间交互作用和综合效应时，必须抓住主要因素，选择两个关键的因素进行试验，得到结论后，再进行比较复杂的试验。这样由浅入深，步步深入，可以简化试验内容，容易得出明确的结论。

3. 合理选好处理

通过调查研究，总结群众经验和查阅文献，掌握试验因素内各种处理的科学依据及其必要性，做到有的放矢，以便顺利完成试验任务。试验处理的选择，要与当地自然条件相适应。例如进行作物品种比较试验时，把形状特征差异很大的品种或生育期很不一致的品种放在一起试验时，处理间比较，不符合唯一差异原则，因为高秆品种与矮秆品种要求适宜的密度不同，试验中采用相同密度，试验结果不能正确反映与各品种相适宜密度下的产量，达不到试验目的；生育期差异大的品种试验，实际在利用温度资源上，品种间是不平等的，应该把形态特征和生育期较一致的品种放在一起进行试验。再如在干旱地区，对作物进行根处喷肥试验，若只包括喷肥与不喷肥两个处理就不能分析出喷肥的真实效应，因为喷肥处理实际上喷了养分和水，处理中无喷水处理，试验结果违反了唯一差异原则。试验处理间数量差异要合理，使处理间试验信息明确。试验处理间差异过小，试验结果差异也小，结果就会不明确。所以试验处理间差异过大或过小，都会降低试验结果的推广价值。另外，定量处理间比较，处理间的间距最好相等，以便于分析。

（三）种植业试验实施的步骤

1. 田间试验计划的制订

在进行田间试验之前，必须制定试验计划，明确规定试验的目的要求、方法以及各项技术措施的规格要求，以便试验的各项工作按计划进行和便于在进程中检查执行情况，保证试验任务的完成。

（1）田间试验计划的内容。包括：①试验的名称、地点及时间；②试验的目的、期限及预期效果；③试验地的基本情况，包括土质、肥力、地势、前作状况及水利条件等；④试验处理方案；⑤田间设计，包括小区面积、长宽、种植行数、行株距、小区排列方式和重复次数等；⑥整地播种及田间管理措施；⑦田间观察记载和室内考种、分析测定项目和方法。

（2）编制种植计划书。制订试验计划之后，还要编制种植计划书，其目的是为试验开展作好准备。栽培、品种比较等试验，其种植计划书比较简单，内容只包括处理种类、处理代号、种植区号、田间记载项目等。无论哪类试验，都应该按其必须包括的项目编制表格，以便于记载和查询。

田间种植图应附于种植计划书前面，它是试验地区划和种植的具体依据。

2. 试验地的准备和田间区划

试验地所用的基肥质量要一致，而且要施得均匀；耕耙时要求做到深度一致，耙匀耙平；耕地的方向应与将来作为小区长边的方向垂直，使每一重复内各小区耕作情况最为相似。试验地准备工作完成后，即可按种植计划书上的田间种植图进行试验地区划。通常可先计算好整个试验区的总长度和总宽度，然后再划分重复、小区、走道和保护行等。在不方整的地块设置试验时，整个试验地的边界线要拉直，可先在试验地的一角用木桩定点，用绳索拉直试验地的一边，再在定点处划一直角，在直角处拉直试验地的第二边，于第二边末端定点，划出直角，拉直第三边，最后核准并连接第四边。划出试验地后，即可按试验设计区划重复、走道、小区和保护行等。

3. 种子准备

按照种植计划书顺序准备种子。根据计算好的各小区或各行的播种量称量种子，每小区或每行的种子装入一个纸袋，袋面上写明小区号码（或行号）。

4. 播种

播种前须按预定行距划出播种行，并根据种植计划书插上区号或行号木牌，经查对无误后，才可按区号或行号分发种子袋，再将区号或行号与种子袋上的号码核对一次，无误后开始播种。播种时，播种的深浅要一致，种子分布要均匀，株（穴）距要一致，覆土深浅要一致，要严防漏播。播完一区（行）

后，种子袋仍放在小区（行）的一端，以便在整个试验田播完后复查。如发现错误，应在记载表上做相应改正并注明。一个试验的播种任务最好在一天内完成，如果一天完成不了，也要先播完几个重复。一个重复不可分两天播，以保证处理间的可比性。最后播种保护行。

5. 栽培管理

试验地的栽培管理措施可按拟推广地区的一般生产水平略有提高的标准进行。但试验地栽培管理有严格的要求，即除了试验因素所规定的处理间的差异外，其他管理措施应力求质量一致，以减少试验的误差。例如施用追肥，每一小区的肥料要质量一致，数量相等，而且分布均匀，如每小区有几行时，最好能分行分量施用。其他管理措施，都要做到尽可能一致。每项措施应在同一天内完成，如果不能一天完成，则应保证完成一个重复，以保持重复内的一致。

6. 田间试验的观察记载和测定

在作物的生长过程中进行观察记载和测定具有重要意义。田间试验的观察测定项目，因试验目的的不同而有差异，但有一些基本项目，对于任何田间试验都常采用，这些项目有：

（1）气候条件观察。记载环境条件变化引起的作物相应变化，最后由产量作出反映。正确记载气候条件，注意作物生长动态，研究两者之间的关系，就可以进一步探明其原因，得出较正确的结论。气候观察可在试验所在地进行，也可以引用附近气象台（站）的资料。有关试验地的小气候，则必须由试验人员自行观察记载。对于特殊气候条件，如风、雨、霜、雪、冰雹等灾害性气候以及由此而引起的作物反应，也应及时记载下来，以供日后分析试验结果时参考。

（2）田间农事操作记载。任何田间农事操作都在影响作物的生长发育，引起作物的变化，因此应详细记载试验过程中的农事操作，如整地、施肥、播种、中耕除草等，将每一项操作的日期、方法、数量等记录下来，将有助于正确分析试验结果。

（3）作物生育动态的观察记载。这是田间观察记载的主要内容，是分析作物增产规律的重要依据。因此在试验过程中，要观察作物的各个物候期（或生育期）、形态特征、生物学特性、生长动态、经济性状等，有条件的还可以做一些生理方面的测定。

（4）收获物的室内考种及测定。考查在田间不易或不能进行而必须在作物收获后方能观察和测定的一些项目，如千粒重（百粒重）、秕子率等，以及种子蛋白质、油分、糖分含量等测定，称为室内考种。观察记载必须做到细致准

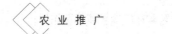

确。首先，观察和测定的项目必须有统一的标准和方法，如目前尚无统一规定，则应根据试验的要求订出标准。同一试验的某项观察记载工作应由同一工作人员完成，因各人在作出判断时常有出入，由不同人员进行观察记载容易造成误差。观察记载一般是通过样本进行的，所以要注意样本的代表性。根据记载项目的特点，在取样时大体有三种情况：①全面观察。即根据小区内全体植株的表现来决定某种性状的系统表现。这主要用于物候期的观察。②定点观察。要研究作物的生长动态时，宜采用定点观察，以便了解作物某种性状的系统表现。③随机取样观察。在一个品种或品系内，形态特征是相对一致的，因此，少量植株的观察即具有代表性。

7. 收获

如在收获咖啡试验小区之前，如保护行已成熟，可先收，以免与试验小区发生混杂。边际影响与生长竞争比较明显的试验，也要事先收去相等的边行及两端的植株，经查对无误后，将以上两项的收获物先行运走；然后在小区中按计划采收样本，挂上标记小牌，运回。再按小区成熟情况顺序收获。小区间严防混杂，挂上区号小牌，经核对无误再运回。运输时也要有次序，不要乱放。

第三节　确定农业推广项目

经过初选和试验的农业推广项目，基本可以确定成为即将推广的项目，在正式开展农业项目推广之前，还需要对农业推广项目进行申请、论证、评估，才可以正式立项，进入推广环节。

一、农业推广项目的申请

农业推广部门，应根据国家和各级地方政府的农业产业政策、农业技术推广的项目指南以及当地农业的基础、优势和产业发展方向，及时向上级或同级农业科技推广的项目管理部门申请农业推广项目。申请农业推广项目应提供如下材料：

（一）推广项目申报书

提供项目申报书的目的是通过申报书来阐述立项的必要性、可行性，并对项目及技术依托单位给予介绍，以便主管人员对项目进行全面认识和了解。农业推广项目申报书一般应包括以下几部分内容：

1. 申报项目的基本情况

主要包括：项目名称，承担单位，技术依托单位，主要参加单位，成果来源，研制起止时间，成果鉴定情况（组织鉴定单位、鉴定日期、成果水平），成果应用情况（应用于生产的时间、应用范围），科研投入经费，成果获奖情况（获奖种类、获奖人员、获奖等级及授奖部门）等内容。

2. 申报推广项目的理由

申报推广项目的理由是考核项目的重要依据，主要包括：①推广内容，其中包括推广项目的技术内容、原理及技术路线、国内外同类技术的比较等；②推广的必要性及推广范围预测；③已应用推广情况；④典型实施范例的经济效益、社会效益分析等。

3. 技术依托单位基本情况

包括单位名称、性质、地址和项目实施具有的人力、物力、财力及组织能力。

4. 推广措施

指项目承担单位在实施项目过程中采用的措施，包括推广的领导组织、推广方式、布点情况、推广进度安排、主要协作关系等。

（二）成果鉴定书

成果鉴定书是指成果持有单位完成成果后的最终成果结论。国家各部委有明文规定，非鉴定成果一律不予列入推广计划。农业农村部的"丰收计划""新品种扩繁计划"，以及科技部的"星火计划"，立项都必须有鉴定书。

（三）项目简介

项目简介主要用于对领导、对相关部门和对农民的宣传，以便求得各个方面的支持，有助于项目的确定与实施。项目简介一定要精练简洁、主题突出和通俗易懂。

（四）可行性研究报告

有些重点项目要提交可行性研究报告。

1. 可行性研究报告的特点

（1）综合性。新建项目的可行性研究，是运用系统的方法对事物的可行性进行系统的综合研究。可行性研究，无论在研究内容上，还是工作程序上，都要按照对象系统内部内在联系的发展顺序，系统地进行。不仅要研究方案实现的可能性，而且要研究经济上和技术上的可行性；既要考虑所需的技术经济条件和创造这些条件所要付出的代价，又要考虑近期利益和长远利益。

（2）论证性。新建项目的可行性研究不是简单罗列事实、条件和结论，而是要进行论证。要阐明在技术上和经济上所依据的理论、原理，说明它的科学性，或经过科学实验，用实验数据予以证明。要有详细的计算、分析和比较，

101

把不同方案或现存状况进行对比，进行有科学依据的论证，这样的可行性研究才是有价值的。

（3）预测性。新建项目可行性研究是投资前的活动。一般投资项目分为预投资期、投资期和营运期三个时期。可行性研究在预投资期进行。由于它是在事物没有发生之前的研究，是估计事物未来发展的状况、可能遇到的问题和结果，所以是一种预测，因此，必须进行调查研究，掌握有关信息，运用各种定性和定量的预测方法，对未来做出科学的估量。由于预测性必然带来风险性，也难免会产生误差，因此要对可能发生的事件进行概率估计，估计误差的大小、可靠程度，并进行敏感性分析。

2. 可行性研究报告的作用

（1）为是否投资提供决策依据。可行性研究报告要提供拟建项目的规模，投资数额、项目建成后产品的销路预测情况、在市场上的竞争能力等，论证方案的合理性、可行性，预测投资的最佳效果。投资者可以据此决定是否建设此项目，或是否应该采用报告中的某种方案。

（2）编制计划任务书的依据。根据可行性报告决定新建某一项目，或采用某一方案后，主管部门要以计划任务书的形式责成有关单位负责实施，此时可行性研究报告就成为编制计划任务书的依据。

（3）银行贷款的依据。兴建某一项目的单位，常常需要取得银行的贷款，提供贷款的银行，为了确认资金借出后借方能够使用好贷款以及偿还贷款的能力，就要求申请贷款单位必须提供可行性研究报告，以此作为是否同意贷款的依据。

（4）同与兴建项目有关的部门签订协议的依据。兴建项目确定以后，为了保证能如期执行，并为日后的投产及产品销售创造条件，项目兴建单位应与有关部门签订诸如原料、燃料、水、电、产品销售等协议，而签订这些协议的依据就是可行性研究报告。

（5）进行项目设计和施工的依据。由于可行性研究报告对项目有关各方面的问题都进行了调查研究，对可能采用的方案进行比较、论证，提出原则性的意见，所以它就自然成了进行项目设计和施工时必须依靠的基础。

（6）编制国民经济计划的重要依据。大、中型项目的兴建对国民经济的发展有重大的影响。在编制国民经济计划时，大、中型项目的可行性研究报告就成了重要依据。

（7）重要的参考文献。可行性研究报告是开展可行性研究、技术革新、设备改造、技术引进、筹划贷款的重要参考文件。

3. 可行性研究报告的结构

可行性研究报告一般包括以下几部分：

（1）推广项目概况。包括项目的目的、意义、国内外现状、水平、发展趋势及项目的内容简介。

（2）技术可行性分析。其中包括主要技术路线及需要解决的技术关键，最终目标和技术经济指标，实施项目所具备的条件、优势和项目完成的生产条件等。

（3）市场预测。包括国内外需求情况及市场容量分析、产品价格与竞争力分析等。

（4）预计项目完成的经济效益、社会效益和生态效益。一般从新增总产值、新增纯收益、节能节材情况、节约利用资源情况、改善环境的作用、对促进社会发展的作用等方面论述。

（5）推广项目的技术方案及推广范围、规模和项目进度安排。

（6）预计的推广经费及用款计划。

（7）经费偿还计划等。

二、审批立项

项目的可行性研究报告上交后，经过专家评估论证，转入评审、决策和确定项目，然后项目双方签订合同，最后执行单位制订更为详细的实施计划。

（一）项目的评估、论证

农业推广项目的评估论证，是审批立项中的关键环节，它从科学、技术、经济、社会等方面对拟选项目进行系统、全面科学论证和综合评估。论证项目的选择是否符合原则，项目要推广的技术或成果是否先进，立项的必要性，技术路线的先进性、合理性，实施的可能性，项目实施后的社会效益、经济效益和生态效益是否显著，项目的经费概算是否合理等，为确定项目提供决策依据，为以后项目的实施和完成奠定基础。

农业推广项目的论证一般是以会议的形式进行。由项目主持部门聘请有关科研、教育、推广以及行政等方面的专家、教授和技术人员组成项目论证小组。论证小组一般应由 7～15 人组成。要求参加人员必须具备中级以上技术（职称）职务，组长应由具有高级技术职务并有较高学术、技术水平的人员担任。

（二）项目的确定

农业推广项目经评估、论证后，就转入评审、决策、确定项目的阶段。项目的决策人或决策机关在项目论证的基础上，进一步核实本地区、外地区、国

内外的信息资料，市场和农村调查情况；根据国家政策，同时征询专家意见，吸取群众的合理化建议，从系统的整体观念出发，对项目进行综合分析研究，最后做出决策，确定项目。

（三）签订项目合同

农业推广项目确定后，项目双方还应该签订合同书，至此才正式立项。农业推广项目合同的主要内容一般包括立项理由（推广项目、意义、国内外水平对比和发展趋势），项目主要内容及技术经济指标，经济效益、社会效益和生态效益，预期达到的目标，采用的技术推广方法和技术路线，分年度的计划进度（包括推广地点、规模），经费的筹集、去向及偿还计划，配套物资明细表，参加单位和项目组负责人。

（四）扩初设计下的组织领导

农业推广项目批准后，项目的准备工作还没有结束，项目执行单位还必须根据已批准的可行性研究报告、评估报告、项目合同，制定更为详细的计划。

农业推广项目和其他项目一样，其扩初设计应包括以下几点：

（1）推广项目的总体设计。包括指导思想、推广规模、主要措施、具体目标、所需要的材料及推广人员的具体安排等。

（2）建立项目的实施机构。包括行政领导小组、技术指导小组，有必要的话还应该成立项目协作组织等。

（3）推广项目的年度计划及每年预期的结果。

（4）推广费用的支配方案。

（5）可能发生的问题及对策。

（6）组织领导，主要有领导班子、协调机构和技术指导小组等。

项目的扩初设计，经项目主持单位的项目组成员及同行专家设计讨论成熟后方可进入项目的推广实施阶段。

第 四 章

农业推广项目推广实施

农业推广项目的实施是农业推广工作的核心环节，是完成农业推广工作的关键环节，是促进"三农"发展的重要保障。但推广率的高低、推广成功与否受多种因素的影响，所以，农业推广项目实施前，农业推广人员必须充实自我，掌握推广相关的交流、心理、语言、经营服务等技巧，并在充分了解当地农业生产者综合素质的基础上综合考虑当地农业发展现状、推广项目的特点与复杂程度，选择确定适宜的农业推广模式与推广方法，制定相应的农业推广项目实施方案，按方案规划进行推广的过程中还需随机灵活应变突发情况。

探究学习

1. 农业推广人员必备的推广技能与技巧。
2. 撰写农业推广项目实施方案。

参考学习案例

1. 话剧《农民院士》。
2. 全国农业高新技术成果交易活动签约金额突破 120 亿元。
3. "一带一路"故事丛书（第二辑）《共同梦想》：多米尼克农业的新希望（三）。

第一节　农业推广沟通技巧

沟通是农业推广、培训、信息传播的基础，是农业推广工作中非常重要的活动，通过与农民沟通，推广人员可以了解农民的需求，有利于农业推广顺利开展。因此，农业推广人员一定要学会灵活应用沟通技巧，为农业推广工作顺

利开展打好基础。

一、农业推广沟通的概念

农业推广沟通是指在推广过程中,农业推广人员向农民提供信息、了解需要、传授知识、交流感情,最终提高农民的素质与技能,改变农民的态度与行为,并不断调整自己的态度、方法、行为等的一种农业信息交流活动。沟通贯穿于农业推广的全过程,体现在各种推广方法的具体应用之中,最终目的是提高农业推广工作效率。例如农业推广人员深入农户了解农民的实际需要,获得农民的需要信息,据此信息提供给农民相应的技术、技能及知识,从而提高了农民的科技素质和经营水平,使农民的生产经营得以改善与提高,就是一种沟通活动。

二、农业推广沟通的分类

根据不同的角度划分,沟通可划分为不同的类型,一般有以下几种类型:

(一)正式沟通与非正式沟通

根据沟通渠道不同,沟通可分为正式沟通与非正式沟通。正式沟通是指在一定的组织体系中,通过明文规定的渠道所进行的沟通。正式沟通包括:上行沟通,如乡农技站向县推广中心报送汇报材料,反映执行推广计划中的问题等;下行沟通,如省技术推广总站向市(地区)农技推广部门下达通知、任务等;平行沟通,指同级推广机构之间的信息交流;斜行沟通,指与外地非同级推广机构的信息交流。非正式沟通是指非组织系统所进行的信息交流,如农技员与农民私下交换意见、农民之间的信息交流等。此种沟通不受组织的约束和干涉,可以获得通过正式沟通难以得到的有用信息,是正式沟通有效的必不可少的补充。非正式沟通除了交流工作信息外,还有更多情感交流,对于改变农民的态度和行为具有相当重要的作用。

(二)语言沟通与非语言沟通

根据沟通所用的媒介不同可分为语言沟通与非语言沟通。利用口头语言和书面语言进行的沟通为语言沟通。如技术讨论会、座谈会、现场技术咨询、电话咨询等为口头语言沟通。口头语言沟通简便易行,迅速灵活,伴随着生动的情感交流,效果较好。利用报纸、通讯、杂志、活页、小册子等的沟通为书面语言沟通,书面语言沟通受时间、空间的限制较小,保存时间较长,信息比较全面系统,但对情况变化的适应性较差。农业推广工作中,常把这两者结合起来应用,效果较佳。非语言沟通是借助非正式语言符号如肢体动作、面部表情等来进行的沟通。语言沟通能清晰地表达概念、观念，而非语言沟通则能充分地表达人的感情。把两者配合应用能收到良好的沟通效果。

（三）单向沟通与双向沟通

从信息发送者与接受者之间的地位是否交换可分为单向沟通和双向沟通。单向沟通指发信者与接受者地位不变，如技术讲座、演讲等，主要是为了传播思想、意见，并不重视反馈。单向沟通有速度快、干扰小、条理性强、覆盖面广的特点。如果意见十分明确，不必讨论，又急需让对方知道，宜采用单向沟通。在沟通中，若发信者与接受者地位不断交换，信息与反馈往返多次，即为双向沟通，如小组讨论、咨询等。双向沟通速度慢、易受干扰，但能获得反馈信息，了解接受状况，同时使沟通双方在心理上产生交互影响，能使双方谨慎而充分地阐释和理解信息。

（四）个人沟通和大众沟通

按沟通接触范围和媒介的不同可分为个人沟通和大众沟通。个人沟通指个人之间直接面对面或通过个人媒介如书信、电话等进行的沟通，如农家访问、电话咨询等；大众沟通指借助大众传播媒介如报纸、杂志、广播、电视、互联网新媒体等进行的沟通，如科技广告、科普杂志等。

（五）信息沟通与心理沟通

信息沟通指以交流信息为主要目的的沟通，如提供市场信息、科技信息等；心理沟通指人的心理活动的交流，包括感情、意志、兴趣等的交流。如通过推广人员耐心的科技教育转变农民对新技术的态度，从拒绝采用到主动采用；对于生产上遭受挫折的农民，经过推广人员的帮助，找出问题，确定对策，使农民鼓足勇气，克服困难等。

三、农业推广沟通的障碍

农业推广沟通过程常常会因为沟通要素的状态和质量不好、沟通方法选择不当、沟通渠道状况不良而影响沟通效果，导致沟通出现障碍。这些障碍主要来自以下几方面：

（一）文化因素

文化因素主要指沟通双方对信息的理解、态度、经验及受教育程度等。如果沟通双方对信息没有共同的理解和经验，那就很难进行有效的沟通。沟通双方对某一问题的态度、立场如果一致或比较接近，则沟通可以顺利进行下去，否则就难以进行；如果沟通双方所受教育程度差异太大，就难以对同一信息达到同等程度的理解，也难以达成一致意见。此外，不同民族使用的语言、文字

不同，对一定的表情、动作所表达的意思与情感不同，对同一信息也可能会产生不同的理解，甚至语言差异造成语言隔阂，语义不明造成歧义，使对方造成误解。例如，有一位农民到种子站咨询购买麦种，农民问："此麦种种了几代了？"售种员随口答道："二代。"这位农民调头就走了。从这件事反映出这位农民多少有些科技常识，他起码知道杂种二代不能再种了，但他误认为小麦品种的"二代"也不能种，而事实上小麦在目前尚未推广类似杂交玉米、高粱那样的杂交种，而是"二代"照例可以播种。但售种员没有仔细理解农民问话的真正含义，简单地回答，结果使农民产生误解。

（二）社会因素

社会因素主要指处在同一社会团体内的人的地位（如角色、职务、年龄、经济收入等）、社会组织结构和观念等。

地位不同，则采用的沟通方式和内容也不同，如上下级沟通时比较拘谨，同级沟通则比较随和。

社会组织结构不合理，如层次过多，会造成信息沟通中失真的可能性较大。组织结构重叠严重，造成沟通过程缓慢，影响沟通的时效性。

观念是一定的社会条件下被人们接受、信奉并用以指导自己行动的理论和观点。有的观念是促进沟通的动力，有的观念成为沟通的障碍。观念方面的障碍主要有两种：一种是封闭观念，可以排斥沟通，有这种封闭观念的人必然导致不尊重科学，不采用新技术，更反对竞争与冒尖，自然排斥科学知识的沟通；另一种是僵化观念，可以窒息沟通，有这种僵化观念的人，都把某种认识神圣化、凝固化，思想观念不解放，抱着陈规陋习，不肯轻易放弃，对新事物难以沟通。

（三）个性因素

个性因素主要指沟通双方在需求、动机、信念和价值观等方面的障碍。由于人的个性差别较大，心理品质，如兴趣、爱好、需求、动机、人生观、价值观、信念、性格、能力、气质等各异，这些也会在不同程度上妨碍沟通的进行。如果沟通双方在兴趣、爱好、需要、动机、信念、价值观等方面比较趋于一致，那么，沟通就能比较顺利进行，反之，就会因双方缺乏共同的信念和情感，从而能影响沟通的有效性。

四、农业推广沟通的基本要领

（一）摆正"教"与"学"的相互关系

在沟通过程中，推广人员应具备教师和学生两种身份，既是教育者，要向农民传递有用信息，同时又是受教育者，要向农民学习生产经验倾听农民的反馈意见。要明白农民是"主角"，推广人员是导演。因此，农民需要什么就提供什么，不是推广人员愿意教什么，农民就得被动接受什么。推广人员与农民两者是互教互学、互相促进、相得益彰的关系，应采取与农民共同研究、共同探讨的态度，求得问题的解决。

（二）正确处理好与农民的关系

国家各级推广机构的推广人员既要完成国家下达的任务，又要为农民服务，在推广中，推广人员一定要同农民打成一片，了解他们的生产和生活需要，与他们一起讨论所关心的问题，帮助他们排忧解难，取得农民的信任，使农民感到推广人员不是"外来人"，而是"自己人"。

（三）采用适当的语言与措辞

要尽可能采用适合农民的简单明了、通俗易懂的语言。如：解释遗传变异现象时，可用"种瓜得瓜、种豆得豆"等形象化的语言；解释杂种优势时，可用马与驴杂交生骡子为例来说明。切忌堆满科学术语的学究腔、书生腔。同时，还要注意自己的语调、表情、情感及农民的反应，以便及时调整自己的行为。

（四）善于启发农民提出问题

推广沟通的最终目的就是要为农民解决生产和生活中的问题。农民存在这样那样的问题，但由于各种原因，如文化素质、知识智能等使其形不成问题的概念或提的问题很笼统等。这样，就要善于启发、引导，使他们准确提出自己所存在的问题。例如，可以召开小组座谈会，互相启发，互相分析，推广人员加以必要的引导，这样就可以比较准确地认识到问题所在，形成问题的概念。

（五）善于利用他人的力量

要善于利用农民中的革新先驱者，将他们确定为科技示范户等，让他们当好科技的"二传手"，借助他们的榜样作用和权威作用，可产生"倍数效应"与"辐射效应"，使农业科学技术更快更好地传播，取得事半功倍的效果。

（六）注意沟通方法的结合使用和必要的重复

研究表明，多种方法结合使用常常会提高沟通的有效性，所以要注意各种沟通方法的结合使用，如大众媒介与成果示范相结合、家庭访问与小组讨论相结合等。行为科学指出，人在单位时间内所能吸收的信息量是有限的，同时，在一定的时间加以重复则可使信息作用加强，所以在进行技术性较强或较复杂的沟通时，必须每次进行重复才能增强沟通效果，例如，大众传播媒介，需要多次重复才能广为流传，提高传播效率。

五、农业推广沟通的技巧

（一）给他人留下良好的第一印象

农业推广人员走上工作岗位，与别人初次见面，别人往往对推广人员形成一定的认识，这就是第一印象。推广人员给人以好的第一印象，就是朴实、诚恳、勤奋、大方，这样给推广对象留下一个朴实的印象，愿意把推广人员当成朋友看待，便于双方沟通，利于工作开展。

（二）做农民的知心朋友

推广人员必须成为农民的知心朋友，要做到这一点必须努力做到尊重农民，关心农民，待人真诚，善于解答农民提出的问题，与农民打成一片，建立良好的人际关系。

（三）与农民沟通之前先"认同"

认同是指在一定的条件下能够在某些方面趋于一致。刚走上农业第一线从事农业推广的人员，在初次下乡，看到农村的大杂院，狗、猫满院跑，鸡、鸭屋里屋外飞，生活和工作都不习惯等。这就需要先"认同"。要从看不惯、不习惯到逐渐适应、习惯，并力争达到高度一致，十分默契。

（四）引起农民对推广人员的兴趣

推广一项技术或处理一件农民关心的事，推广人员要设身处地，将心比心，处处为农民着想。能做到这一点，农民才会对推广人员或对推广的内容感兴趣。

（五）善于利用人们崇拜成功者的心理

每个人都有崇拜成功者的心理，推广人员要善于利用这一心理。例如，当试验某一项技术获得成功，确信可以推广时，应该先让农民看到试验成功的结果，让农民先对推广人员产生崇拜心理，使农民相信推广的技术肯定对自己有用。当农民对推广人员和推广技术产生了崇拜心理之后，农民会抱着渴求的心理在迷惑不解的时候找农业推广人员解决问题，农业推广人员的解答可以使农民有茅塞顿开之感，促使农民对技术理解得更为深刻。

（六）了解、利用风俗为农业推广服务

推广人员每到一地，要及时了解当地风俗习惯、风土人情，努力做到"入乡随俗"，成为一个受当地人民欢迎的人。同时利用这些风俗习惯，做好推广服务工作。

（七）善于发挥非正式组织的作用

非正式组织既有积极作用的一面，也有消极作用的一面。推广人员可以利

用非正式组织的积极作用来协调一些正式组织难以协调的关系，减少正式组织目标实施中的阻力。非正式组织的积极作用是可以沟通在正式交往渠道中不易沟通的意见，而其消极作用是容易形成小圈子。一个人有消极情绪会影响一大批人，为此，推广人员要十分注意发挥非正式组织的积极作用，纠正和克服消极作用，培养非正式组织中的领袖人物为科技示范户，并以其为中心向四周辐射，加速科技信息传播，使推广工作收到事半功倍的效果。

（八）以礼相待，情感靠拢

心理学认为，每个人在与他人交谈时，都具备一定的心理准备和态度，或称心理定式。推广对象的心理定式影响着他们与推广者的合作，推广者要主动冲破对方的心理定式，使他们相信自己。这就要求推广人员要尊重对方，以礼相待，以信任交换信任，实现情感的靠拢。

（九）善于心理换位，从对方的角度解释问题

根据推广对象的条件，因地制宜，因户制宜，因人制宜，帮助推广对象排忧解难，保证对方的利益不受损失。

（十）求新求升，引起兴趣

要善于利用对方已有的知识经验，在此基础上提出新问题，推出新内容，使对方产生新的兴奋点，使新知识、新技术增加吸引力。

（十一）善于与谈话对象接触

利用地缘、血缘等关系，年龄、性别等条件，把自己同推广对象的距离拉近，使对方相信推广者，进而接受推广内容。

第二节　农业推广语言技巧

农业推广人员既是知识、信息、技术的传播者，又是政府、科学家、农民之间的沟通者。这种独特的工作性质，决定了推广人员必须具备准确、精练、通俗、风趣的语言技能，以提高推广工作的成效。因此，农业推广人员的语言技能是自身职业素质的重要组成部分。加强语言知识的学习和技能的训练，是农业推广人员工作素养强化的重要方面。

一、农业推广语言的特点与风格

（一）语言在农业推广中的重要作用

语言是农业推广活动的重要工具，并体现于农业推广活动的全过程，即包括吸引推广对象、介绍推广内容以及传播应用推广成果等方面。农业推广人员

与推广对象间是以推广内容为纽带相连的，推广人员为主动一方，推广对象为被动一方。而推广对象则有三种类型：第一种是正寻找推广者和推广内容的，渴求自己所需要的科技知识、成果、信息、技术的人，这种人比较容易建立起人际关系；第二种是把尚未寻求科技成果、知识、信息、技术作为自己主要目的，处于模棱两可的地步，能否与推广者交往，主要看推广内容和推广者的吸引力如何；第三种是对推广内容不感兴趣或根本不信，这种人不容易被吸引和交往。如何将这三种人全部吸引住，使第一种人感到十分"解渴"，使第二种人积极主动，使第三种人起码不起反作用，就需要推广人员掌握一定的推广语言的技巧了。

1. 语言是农业推广交往的工具

农业推广活动是人际交往活动的一种。推广人员和不同的推广对象交往，和他们进行信息的交流、情感的沟通、技术的传递，从而使潜在的知识形态生产力变成现实的物化形态的生产力，语言必然是最重要的交往沟通工具。

巧妙的推广语言能消除心理障碍，打开推广对象的心灵之门。许多人不知道如何开始第一次对话，特别是对陌生人。一个农业推广人员，以把自己掌握的知识、成果、信息技术传播给他人为目的，第一次与人交谈或是在一定的公共场合介绍自己的推广内容，也是有一定难度的，就需要消除障碍，打破僵局，挖掘语言的精华，引起别人对推广人员的注意。比如农民正在地里干活，推广人员可以说一句"您正忙着啊"；若是骄阳似火烈日当头，推广人员可以说一句"今天天气真热呀"；在借火吸烟的同时，推广人员可以询问"家住哪儿"，或"到哪儿去""今年收成怎么样"等。这些语言虽然没有什么实际内容，但能联络感情，使双方开始交往。在此基础上再进一步交谈，了解农民种多少地、搞什么副业、经营状况怎么样、收入多少等等。通过交谈，把自己在农业生产方面的经验、农业科技知识和信息透露给农民，直到农民消除戒备心理，产生想进一步了解推广人员的渴望时，再亮明身份。这样，双方的交谈便自然、和谐、随便多了，即使马上达不成协议，也不会出现僵局。

在公众场合，语言艺术更是产生吸引力的重要因素。河北农业大学的一名教授，被邀请给太行山区几个县的农业科技干部做关于农业推广方面的报告，他在报告开始时首先说："常年扎根在太行山区的推广专家，你们辛苦了，能有这样的机会跟各位专家共商农业推广大计，我感到十分荣幸。"听到这样的称呼，大家全部热烈鼓掌，因为，著名的教授把他们尊称为"推广专家"，是对他们最好的精神鼓舞，短短几句话，感情上的距离一下子缩短，消除了心理障碍，为以后的技术传播打开了通道。

2. 语言是推广内容的输送工具

当推广者与推广对象间建立了交往关系之后，如何及时地把推广内容介绍给对方，打动对方，仍要靠语言作输送工具，使推广对象了解推广内容的详细情况，进而决定是否接受。有人说，"包子有肉不在褶上"，搞农业推广只要有过硬的技术经验即可，不一定需要"好嘴巴"，这是片面的。我们不否认一些有经验的推广人员由于常年蹲点，与当地农民感情深，威望高，对农民有潜移默化的影响，不算能说会道，工作也很出色，这是推广人员多方面良好素质的表现。但对多数农业推广人员来说，语言素质差不能不说是一件憾事。农业推广的方法有大众宣传法、集体指导法、个别指导法，无论哪种方法都离不开宣传教育、示范培训，自然就离不开语言，并且都需要讲究语言艺术和语言修养。

宣传教育的方法，需要有生动形象的语言加以表达。人们每天接触的广告语言，都是经过精心锤炼、反复雕琢过的艺术语言。一条"来福灵"农药的广告，以生动的语言、和谐的配乐，再加上滑稽的画面相配合，使妇孺皆知"来福灵"的威力。如果我们推广的内容都能使用这些形象、生动、幽默的语言，那么推广效果就会事半功倍。

培训的方法，更讲究语言艺术和语言修养。同在讲台上，有的人能把在座的人讲得昏昏欲睡，有的人能使听众流连忘返，可见讲究语言艺术是何等重要。

示范的方法，也离不开准确、科学的语言。只有针对性强、质量高的语言，才有助于提高农民参与仿效的积极性。

3. 语言是科技成果扩散的媒介

语言在传播事物的过程中起到了媒介的作用，农业推广过程中，语言的作用也异曲同工。有些农民，科学文化素质不高，对事物的认识总是半科学半迷信，对某一事物的描述，常带有很强的夸张色彩。说某个品种好，便好得神乎其神；说某个品种不好，便坏得一无是处。因此，在一项推广内容取得初步成果之后，推广者应运用科学、准确的语言加以说明，反复宣传，使之得以正确传播，否则，就可能被夸大，搞得名不副实，失去群众的信任，或因某些缺点而被一概否定，失去推广的市场。

（二）农业推广语言的特点

语言特点具有严格的职业特征，依据农业推广活动的性质、目的、内容等，可总结出农业推广语言具有如下特点：

1. 传播性

农业推广语言是一种传播性语言，它是农业科学技术传播的载体，以让农

民群众听懂、接受并产生行动为目的。通常，农业推广语言的训练常常被忽视，实践证明，推广语言的质量直接影响推广效果，影响农业科学技术的传播。因此，农业推广人员必须在语言表达能力上加强训练，以提高其传播效率。

2. 推销性

在社会主义市场经济条件下，农业技术、农业科技产品多数是以交易的形式传播的，所以农业推广语言又具有推销性。第一，推销语言要有新颖性和吸引力。推销活动就是竞争活动，谁能吸引顾客，谁就能赢得主动。在推销内容货真价实的基础上，语言的新颖性和吸引力起着举足轻重的作用。第二，推销语言要不断重复、不断强化，才能加深印象。日常生活中的一些推销宣传、广告等语言，都是多次重复、反复强化，以加深接受者的印象，从而在其心目中占有一席之地。第三，要多方宣传，扩大覆盖面。利用一切可以利用的机会、途径和方法，尽量扩大推销内容的影响范围。第四，推销语言要简洁精练，易学易记。

3. 说服性

农业推广的主要对象是农民群众，推广活动中要做大量说服、劝导的工作。比如，有的农民虽然懂得该怎么做却舍不得投资；有的嫌麻烦；有的存在从众心理，想等别人都做了自己再做。这样，就需要推广人员深入群众，耐心细致地做好说服工作。

4. 启发引导性

不同地域，不同乡（镇）、村，在农业生产中都有一些当地的、传统的，甚至是根深蒂固的习惯。这些习惯虽然是经验的积累，但是，有些是具有科学道理的，有的则与科学相悖，有的与我们的推广内容相矛盾，就需要推广人员用农业科技知识、农业经济常识教育当地群众，引导他们放弃不科学的陈规陋习，激发起学科学、用科学的兴趣和积极性，实现观念的变革。

（三）农业推广语言运用的原则

农业推广语言要想深入人心、打动农民，使农民群众由农业科技的被动接受变成自觉参与，就必须在运用推广语言时，遵循以下几个原则。

1. 朴实平等的原则

针对农民朴实、善良、热情、诚实的特点，农业推广语言首先要朴实诚恳、平易近人，不是居高临下。朴实并不等于土气、粗俗，而是实实在在、朴实无华。跟农民打交道，油腔滑调、故弄玄虚，往往被认为是"穷酸"，得不到认可。而咬文嚼字、华而不实，则往往让人拘谨，觉得不自然。其次要平等尊重、以礼相待。在农业推广工作中，推广人员与农民在人格上、地位上都是平行平等的，即使是技术交易、买卖过程中，也处于平等、自愿的同等地位。更重要的是，农业推广人员与农民存在着服务与被服务的关系，为农民服务、为农业生产服务是推广人员的责任。因此，农业推广人员要放下架子，入乡随俗，推广语言的运用要体现平等尊重、以礼相待。

2. 深入浅出的原则

针对农民科技文化素质不高的特点，农业推广语言要深入浅出、通俗易懂，把科学语言变成群众可理解的大众语言。此外，要挖掘和利用农民群众中的生动语言，浅显易懂，便于农民接受。例如，一位果树专家给农民现场讲授果树修剪技术时，一位老农说："见过人理发，没见过树剃头，没了树枝儿，果结在哪儿？"专家说："您锄地把禾苗间掉了，穗在哪结呢？剪枝和锄地一样，也要稀留密，密间稀，不稀不密留大的，剪树也是'精兵简政'，要尽量减少那些'脱产干部'"。在场的干部群众都鼓掌喝彩，剪枝的技术很快就被群众接受了。为了做到深入浅出，推广人员必须熟悉业务，学会举一反三，勤于动脑、动手，多写、多说，如编一些顺口溜、打油诗、歇后语等，提高语言的效果。

3. 科学规范的原则

在遵循朴实平等、深入浅出原则的同时，要坚持推广语言的科学规范原则，该通俗的一定要通俗，该规范的一定要规范。科学问题来不得半点疏忽，否则就会出现错误，给农业生产造成损失，甚至会危及农民的生命安全。在一些具体操作方法上，一定要严格要求，该怎么做、不该怎么做，要界限分明；在一些药品使用上用量要准确，不能用"大概""一瓶盖""一酒杯"之类模糊的量词；在效益指标问题上，要实事求是并留有余地，不能任意夸大误导农民，也不能没有具体指标使农民无法操作。

4. 事实教育的原则

推广事业不是简单的推销行为，也不是单纯的经营促销，推广人员肩负着教育群众、引导群众的责任。因此，必须坚持事实教育的原则。首先，事实教育原则符合认识规律。在哲学上讲，"实践是检验真理的唯一标准"，俗话说："耳听为虚，眼见为实""百闻不如一见"。其次，事实教育的原则符合农业科技传播规律。农业科技潜力的发挥，受自然、地理、气候条件、农业耕作、栽培条件及社会经济条件等多种因素制约，需要进行试验、示范才能确定在某时某地能否推广，离开了试验、示范为依据的推广，语言越动听，其误导性越大，越容易造成不良后果。再次，农民在掌握信息、阅读方面受到条件的限

制，所以，只能依靠眼见的事实。那么，在可能的条件下，农业推广人员应创造条件进行试验、示范，或亲自指导农民试验。但农业推广人员不可能事事亲自操作，还需要把大量的信息收集整理出来，传播到群众中去，启发群众思考。在介绍他人的成果时，仍要坚持事实教育的原则，要交代清楚具体时间、地点、技术措施及其实施方法。

（四）农业推广语言的风格

语言的风格是由于人们运用语言的方式、方法不同而形成的一种风貌、格调。农业推广人员因各自的年龄、经历、性格、气质不同，语言风格也各具特点。一般来讲，可以从以下几方面加以培养。

1. 形象生动

农民喜欢形象生动的语言，因为这些语言可以把事物的形状、特征、色彩都展现出来，听其声，似见其物。一位种子公司的农业推广人员去检查玉米制种质量，许多农民不清楚什么是杂株、劣株、回交苗，他就编出一段顺口溜让大家记："杂株是羊群骆驼鸡群鹤，姑娘群里的棒小伙；劣株是矮个子又窝脖，豆芽菜细又长，出苗晚，霜打相；回交苗是看着像，又不像，总归要比亲本壮。"几个形象描述，便把问题讲得很清楚，效果不言而喻。

2. 幽默风趣

幽默风趣在人际交往中起着一种润滑的作用。具体说来：第一，幽默是自信心的表现，是能力的闪光，它综合反映着说话人的思想、能力、气质、心境等。幽默的语言独具魅力。第二，幽默是交往气氛的缓和剂，在推广工作中，难免发生一些争执，也可能遇到一些讲不清道理的问题，为了使自己不处于困境，最好用幽默来对付。第三，幽默的语言可以使人记忆深刻，收到良好的推广效果。

3. 亲切朴实

朴实的语言，在农业推广中既是一种语言原则，也是一种表现风格，朴实的语言风格与亲切待人的态度，可以使农民了解推广人员，对推广内容产生兴趣，会使推广人员得到更多的合作者和爱戴者。如周恩来总理把自己叫作"人民的总管理员""人民的勤务员"，深得人民群众的拥护和爱戴。

4. 简洁精练

简洁是天才的姐妹。有人问美国第28任总统伍德罗·威尔逊："你准备一场10分钟的讲稿得花多少时间？""两星期。""准备一场一小时的讲稿呢？""一星期。""两个小时的讲稿呢？""马上就可以。"也就是说，越是精练的语言，越需要动脑筋，它是艰苦劳动的结晶，也是智慧的结晶。

二、农业推广人员的语言能力

语言能力，是语言效果好坏的关键因素，用语是否贴切，词义是否准确，对语言接受者感染力如何，是语言能力的直接表现。语言能力就其内容来说，包括三种能力：表达能力、发送能力和表演能力。

（一）口语表达能力

词语是语言的基本构件和材料，运用词语的能力是人们最基本的语言能力，所以要运用好语言，一定要在运用词语上下功夫。

1. 注意词语的正确性和准确性

把一件好的事情说成一般、可以或过得去，这是不正确的；明明是一般，非要说成很好也不对。在"好"这方面的意思中，还有程度不同，如较好、很好、非常好、最好，选用哪个层次，要实事求是。在"坏"这方面也如此。当然，黑白颠倒，是违反科学的，属于职业道德问题。

2. 注意词语的艺术性

根据不同的场合、不同情景、不同对象，在词语运用上要作艺术性选择。一个推广人员在宣传果树打药部位时，没用一个专业术语，而是用"转圆打尖，下翻上扣，内外打透，防治病虫，保证丰收"这样一段顺口溜形象地概括起来，群众喜欢听，记得牢，比生搬硬套的空洞说教效果好得多。另外，说话要有策略性，要看清周围的环境，当着矮人别说短，当着秃子别说亮，不然会被人误认为是故意揭人家的短处和隐私等。

3. 注意提炼词语的主要意义

任何一位听讲的人，在能听懂说话人意思的前提下，都愿意对方的话简练一些。推广人员在公众面前讲话、讲课、演讲等，翻来覆去地车轱辘转，没有准备地瞎说，是不负责任的表现，也会因为废话连篇而失去听众。如一位大学推广人员到基层去讲茶叶栽培技术，第一次在一个县讲，用了两个小时，坚持听完的人员只有一半；第二次在一个乡，只讲了半个小时，用一段顺口溜结尾，在高潮中结束，人们报以热烈掌声，似有不解渴之感。事后调查发现，第二次听的人掌握的东西比第一次听的人掌握得多，落实情况也是第二次比第一次效果好。

4. 注意词语色彩的调配

在日常用语中，有很多语言的色彩成分很浓，它能使语言形象、生动、活泼，表现出说话人头脑灵活、词语流畅、感情丰富。

除了在用词上适当选择外，还要考虑句式的选择。同一个意思，可以用不

同的句式来表达，反映出表达者的态度、风格和强调的重点。如"这项技术会给您带来效益"，可以说成"难道您不认为这项技术会赚钱吗"，显然，在启发对方思考方面，后者比前者更有触动性。又如"您不妨试一试"可以改成"您试一试，不会碍事的"，后者比前者要求对方试一试的态度更迫切。"就这样定了"与"就这样决定了，好吧"，前者是说话人自己决定了，并有强求对方之意，后者就有与对方商量的意思，但实际上还是说话人决定的，只不过表示了对对方的尊重而已。

（二）口语发送能力

口语发送能力指说话时对语言的速度和节奏，声音的高低和轻重，语流的抑、扬、顿、挫的控制变化能力。面对不同对象，要用不同的变化方式。对老年人、文化程度较低的人，速度节奏宜慢，字要吐清，声音稍高一些，有些问题，可以加重语气。而对于农业技术员和有一定文化水平的青年人，则速度可适当加快，声音低一些为好。如果两者倒过来，对老年人像报流水账似的，而对年轻人讲得很慢，显然是不合适的。在详细介绍技术资料、技术措施时，适当放慢速度，加重语气，提高声音；而在一般性语言方面可稍微加快速度、降低声音。另外在与少数几个人交谈时，语气应平缓；在公众场合，语气加重。介绍新技术、新信息时语气加重，放慢速度，必要时还可重复强调一下；而群众熟悉的内容可适当加快速度。双方距离远时，声音可大一些，距离近，则不宜声音过高。

（三）表演能力

表演能力就是指在说话时运用手势、身姿、表情、眼神等非语言手段来演示内容的能力。这种非语言手段可以对语言起辅助作用，如"请看这株小苗"，手势在其中起了明确对象的作用。非语言手段还可以代替语言，比如有听众站起来说"我提一个问题"，主持人即可点点头表示同意，如果再加上微笑的面容和高兴的眼神，则可以表示出"很好、欢迎"的意思。非语言手段还可以帮助我们表露或掩饰内心情绪，对语言表达可以起到烘托作用，如服务业提倡"笑脸相迎""微笑服务"就是这个道理。一定的表演能力对语言还有印证作用。例如，某农民的咖啡发生锈病危害，并且很严重，当推广人员看到农民万分焦急时，首先应安慰说，"不要紧，会有法子的"，同时表情上带上几分轻松与自信，这样就会打消农民的顾虑，从而使农民对推广人员产生信任；相反，如果推广人员的脸色表现得比农民还沉重，然后再说上一句"没有什么太好的办法"，必定加重农民的思想负担，导致农民失去对推广人员的信任。一定的表演能力还可以帮助人们扩大交往渠道。如握握手表示以后多来往；对年轻人拍拍肩膀，可表示称赞；对老年人挽一下臂膀可表示尊重。这些都可以传递信息与感情，有利于以后继续交往。但是，表演能力应该适度，过分了会显得做作，造成不良效果。衡量表演适度的标准有：一是适当。表达内容与形式、表达方式与自己的身份、双方人际关系的密切程度等都要适当，比如中、青年男性拍拍女青年的肩膀，年轻人拍老年人的肩膀都是不合适的。二是简练。动作不能过多、过细，如眼珠乱转、掂腿、手舞足蹈等。三是协调。非语言手段与语言应该协调，不能口说"欢迎"，身子还稳稳坐在椅子上一动不动，口说"以后再来"，手却把门关上。四是自然。切忌故作惊恐之态、豪爽之举，使言行失真，给人以虚伪的印象。

三、农业推广人员的语言技巧

农业推广人员与推广对象的角色关系，是以推广内容为纽带建立起来的，但在交往过程中，双方是否愉快、和谐，推广对象是否喜欢和相信推广者，这是一种心理关系，直接关系到推广的成功与否。

（一）问的技巧

在农业推广中经常要向别人发问，有时是出于内心的疑问，有时是了解情况的询问，有时是为检查农民对推广内容掌握情况的提问，有时是为了找话说而问，为了得到满意而有效的回答，应该讲究问的艺术。

1. 根据场合、对象有针对性地提问

首先，提问要看场合，要注意在场的人员组成及人与人之间的关系、意见是否一致等因素，避免引起对方的矛盾，或使某些人陷于尴尬、难堪的局面。比如推广人员曾与某人达成了某些意向，但此人因不能做主而被其家人或领导推翻，再次询问时，就应找机会与原当事人单独接触，妥善解决；相反，当着其家人或领导的面提问，势必出现不愉快的局面。其次，提问题要看对象，如对方的年龄、身份、民族、文化素养、性格等因素。再次，要体验对方心理，提问人要根据对方的情绪状况、心理特点提问，并根据对方反应及时调整问话内容，不要故意揭对方的伤疤与痛处，不要"哪壶不开提哪壶"。总之，要把握好提问的分寸。

2. 提问也是控制，要有目的地提问

提问可使提问者在交往中处于主动地位，一个问题提出来，就决定了对方说不说、怎么说，决定了双方交谈的程序和气氛。所以"问"具有一种控制力。在技术交易、技术合同的鉴定和纠纷处理等问题中，语言的控制能力起着重要作用。

3. 掌握语言技巧，讲究提问方式

首先，要注意词语的选择。如有经验的女售货员会对顾客说："您试试这种化妆品吧，它会使您的皮肤更白"，而不会说："您试试这种化妆品吧，它会使您的皮肤由黑变白"，后一种说法显然是揭了顾客的痛处，会引起顾客反感。其次，要注意选择问句的句式。比如某推广员很热情地选了两个西瓜新品种，这位瓜农正因为钱的问题而犹豫，但由于推广人员的热情不好意思拒绝，如果这时推广员问："您要不要？"老农得到台阶下，可以要，也可以不要，交易可能告吹。假如推广员问："您要这个还是要那个？"瓜农就可能下决心买下一种。最后，要注意调整问话的顺序。有人问牧师："做祈祷的时候能抽烟吗？"结果遭到一番训斥。另一个人问："抽烟时能做祈祷吗？"结果得到了奖赏。问句的调整，适应了人们的心理习惯和一定场合，容易收到良好效果。

（二）答的技巧

答是对问的回复和反应，是一个被动的形式。一个头脑灵活善于交往的人，回答问题就会巧妙、精彩，还会变被动为主动。

1. 认清问题所在，使回答具有针对性

在双方的交往活动中，有些问话可能不是本意，而是另有别的意思。比如有人问阿凡提："我把一只小老鼠吞到肚子里去了，你看怎么办？"阿凡提说："吞进去一只猫就是了。"这就是对有意刁难、挑衅之意的问话的最巧妙回答。推广工作中可能会遇到各种各样的人提出的各种古怪问题，对那些不必回答或根本无法回答的问题，要学会巧妙地摆脱，这是一种交际处事本领。

2. 突破问句的控制，使回答具有灵活性

有一位技术员宣传防治蚜虫的几种农药，有40％乐果、50％马拉松、25％亚胺硫磷、80％敌敌畏、55％保棉丰等，并详细介绍了防治效果和配比方法。突然，一位农民站起来问："你讲了这么多农药，要是你自己用，该用哪种呢？"意思是要技术员说哪种最好。技术员回答："这几种药有什么我就用什么。"以自信的态度表明自己的宣传是科学的，没有虚假，摆脱了问话人的控制。

3. 掌握接引技巧，使回答具有艺术性

有的问题不需要详细回答或不便回答，可借用对方问话的方式回答对方提问。有人问一位妇女："你和你丈夫有什么共同之处？"答："我俩是同时结婚的。"旅行家问导游："请问从前有什么大人物出生在这座城市吗？"导游："没有，只有婴儿。"这些回答，都是十分机智、巧妙的，不伤和气，又摆脱了对方。

四、农业推广演讲的临场发挥

（一）自我心理调节

从心理学的角度分析，大多数人面对他人讲话时，都有一种羞怯心理，在陌生环境中尤为突出，出现手足无措、声音颤抖、语无伦次、忘却等现象。遇到这些现象，农业推广人员首先要树立自信心，这是克服怯场的有效办法。当然，自信心应建立在对推广内容的精益求精、对推广技术的熟练掌握和对推广程序深思熟虑的基础上。其次是在忘却时，要顺水推舟，借机回忆忘却的内容或随方就圆，在哪忘了暂且不管，就从能想起的地方讲下去，使演讲一气呵成，口若悬河。再次是讲错时，可以不理睬，但关键性的问题要补救。农业推广人员只有掌握一套自我调节的本领，才能使怯场心理降到较低水平。

（二）听众心理的掌握

听演讲的人，怀有不同的目的，有的出于好奇，有的想学知识，有的想了解信息。演讲者要认真分析听众心理，做到有的放矢。对于那些好奇的听众，尽量满足其好奇心，在材料、语言等方面要有新意，吸引听众听完全部内容。对于为学知识而听的听众，应格外重视，要做到交代问题重点突出，材料清楚，使人便于记忆。还有一些听众是看演讲人的地位、身份、名气而对演讲人采取不同的态度，演讲者要做到沉着、自信、不慌不忙，以自己出色的演讲打动听众，使其心服口服。

（三）声调的运用

演讲者在声调方面要注意音量、音高和节奏。

1. 音量

音量是指声音的大小。演讲者在整个演讲中，声音大小的变化是随着内容的起伏、情感的起落而变化的。强调、鼓动、呼吁等情节宜加大音量；分析原因、讲解措施等情节音量可以低一些。

2. 音高

音高是声音的高低，包括声音的升和降。有高有低、有升有降的声音，不仅赋予语句以抑扬顿挫的特点，而且也体现出一定的思想感情。音量与音高二者是不同的，音高是音节振动的频率，而音量是振幅。音高，音量未必大；音低，音量未必小。但由于音高与音量均受内容和思想感情的制约，因而很多地方运用一致，思想感情浓重之处，声音就大一些，高一些，以重扣听众的心扉。

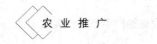

3. 节奏

演讲的节奏是指演讲中的一切要素有秩序、有节拍地变化。节奏要素包括：结构的疏与密、起与伏，情感的浓与淡、激与缓，速度的快与慢，声调的抑与扬、顿与挫等。诸多因素根据内容与感情的需要而交错变化。重要之处字字千钧，使人印入脑海；激动之处如疾风骤雨、江河倾泻。相互交错、变化有致、恰到好处的节奏变化，是鼓动他人、感染他人的艺术手段。

（四）表情神态的掌握

1. 眼神

一个演讲者，他的眼神表达着不同的思想感情，听众可以从演讲者的眼神中，读出他的内心语言。因此，恰当而巧妙地运用好眼神，使眼神与思想情感变化相一致，视线始终注视所有听众，才能准确地表达出思想情感，给听众以丰富的联想和启迪。

2. 面部表情

演讲者的面部表情，可以对听众施加有效的心理影响。为了使面部更好地表达演讲者内心的情感和愿望，应注意：一要有灵敏感，不能麻木不仁，毫无变化；二要有鲜明感，不能似是而非，让人捉摸不定；三要真，不能硬装；四要有分寸，不能"不到"，也不能"过"，过了就显得虚假，令人生厌。

3. 手势

演讲离不开手势，它是演讲者风采气质的表现，也是对内容的衬托。如果双手紧贴裤线，使人感到你在操场上"立正"；手拽衣角显得拘谨、不那么大方；没有目的地胡乱比画，好像神经错乱，显得不得体，影响演讲形象。因此，演讲必须讲究手势。手势一般有这样几种类型：第一，情意手势，如怒不可遏时可双手握拳；第二，指示手势，如"这么""那边""远方""上方"等可以用手辅助指示一下，显得形象真实；第三，象形手势用来表示形状高低、大小等；第四，象征手势，如"我们的家乡会富起来的"，"我们的生活更美好"，可以把右手向前方伸出，表示前途美好。手势不是硬性确定的，也不能靠模仿，要具体情况具体对待。首先，要看表达情意的强弱。感情强烈，可以用复式手势，动作大一些；一般情况下用单式手势，动作幅度可小一些。其次，看会场的大小及听众的多少。会场大，听众多，宜采用复式手势；反之，宜采用单式手势。再次，看内容的需要。如果说"让我们联合起来，干吧"，可举起双手，单式手势显得力量不够。如果是"这个事例告诉我们"，伸一个指头就够了，要用复式手势显然没有必要。从手势的范围来说，可分为三个区域：肩部以上，称为上区，手势在这一区域活动多表示理想、想象、张扬的内容和情感，如希望、祝愿、前景、号召等。肩部到腹部称为中区，手势在这个活动区，多表示记叙事物、说明事理，表示比较平静的感情。腰部以下，称为下区，在这一区做手势多表示憎恶、不悦、抛弃、失掉等内容。表情神态还有很多形式，演讲者不能追求千篇一律，不要硬性模仿，要根据情感特点和内容的需要，在实践中体验、练习。熟能生巧，只有长期多练，才能练出自己的个性和风格。

（五）整体形象的掌握

爱美之心，人皆有之。演讲者在整个演讲活动中，不仅是美的宣传者，而且也是美的体现者。因此，整体形象的好坏是影响演讲成败的重要因素之一。

1. 注意仪表美

演讲者出现在讲台上，是听众的审美对象，如果注意了仪表美，就能让听众赏心悦目，得到一种美的享受；同时，仪表造成的这种良好的现场听众情绪，也必定有利于演讲者思想情感的表达，从而提高演讲的效果。仪表主要有身体容貌美和服装美两个方面。身体、容貌美，是人的自然美，是由演讲者固有的生理条件所决定，但并不是说这方面条件欠佳就不能演讲，只要用美好的心灵和崇高的精神境界震撼听众的心灵，同样也能给人以巨大的感染和鼓舞。服装美是修饰美。只有将自然美和修饰美结合起来，演讲者才能在讲台上给人树立一个美的形象，才能在听众中赢得威信。

2. 注意登台的举止礼仪

我们常见到这样一些演讲者，他们不大重视上下场的举止和礼仪，结果不仅出现了许多笑话，而且也损害了演讲者的主体形象，直接影响了演讲的效果。其主要表现如下：一是矫揉造作，忸怩作态。一上台便端起架子，自以为可"姿惊四座"，殊不知恰恰令人讨厌。二是松松垮垮、随随便便，不是东摇西晃，就是抓耳挠腮，不是俯腰曲背，就是扭捏局促，这种是无法取得听众的尊敬和信任的。三是缺乏谨慎，匆匆忙忙，这往往给听众一种轻浮鲁莽、急躁的感觉。四是过于迟缓，拖拖拉拉，稳重有余，敏捷不足，很难让听众抖起精神。正确的做法是：自然大方地面对听众站好，站好后，应以诚恳的态度向听众敬礼，然后不要急于开口，应以尊敬的眼光环视一下听众，表示光顾和招呼之意，这样讲下去，才可立刻循轨入道，讲完之后应向听众致谢，接着向听众致意，之后，可走回原位。

五、演讲的练习

演讲才能不是天生的，虽然每个人在音质、口齿方面各有差异，但主要是

后天练习的结果。美国第 16 任总统林肯，是闻名于世的演说家，他年轻时，常常步行几十公里去法院观察律师们辩护时如何辩论、如何做手势，他还会观摩政治演说家声若洪钟、慷慨激昂的演说并默默练习，他也会借鉴云游四方的福音传教士挥舞手臂、声震长空布道的样子，他常常对着树桩、玉米地进行演讲练习，最终成为一个著名的演说家。为了工作需要，为提高自身素质，锻炼口才是必需的。要想练习好演讲才能，要注意以下几点：

（一）要虚心学习，博采众长

农业推广人员，既要向书本学习，还要向有经验的前辈和专家学习，要向那些有一技之长的人学习。多观看，多倾听，自然就悟出了道理，才能取众人之长融为一体，形成自己独特的演讲风格。

（二）要持之以恒，刻苦学习

想学会一种本领，意志品质很关键，只有具备一种"不到长城非好汉"的精神，坚持不懈，苦练到底，才能有所长进。"三天打鱼，两天晒网"，遇难便退，不愿付出心血和汗水的人，不可能有所成就。

（三）不要怕丢面子

不怕失败，不怕嘲讽，有顽强的毅力，"语不惊人誓不休"，这是一种性格和意志的磨炼。常见的练习方法有下列几种：

1. 单项练习

演讲活动是一项综合活动，它需要许多基本功。农业推广人员可以给自己制订计划，一项一项地练习。如先练习发音，最好能够录音，看自己用多大的音量能使多大空间里的人全听到，同时试听语速，然后练语气，最后练习姿势、手势。

2. 综合练习

单项练习的最终目的是能够把各个单项协调起来，所以，要形成整体的演讲技巧、风格和艺术形象，还必须进行综合练习。农业推广人员需要平时多注意，在待人接物中，在各种社交场合，如讲课、座谈等活动中，注意自己的口语质量，并有意识地使自己的身姿手势有所考究，面部表情、眼神等也可以随时体验和练习，虽然这些活动与演讲有所不同，但是，它们之间有相同之处，时时处处注意锻炼，一定会收到良好的效果。

3. 个人练习

农业推广人员可以利用空闲时间，在自己的住所里练习，或到公园、野外练习，也可以对着镜子练习。个人练习的好处是没有他人在场，可以随心所欲地大胆尝试，寻求最佳形式。

4. 当众练习

演讲本身就是一种公开的活动，不能总是自己个别练习，怕被别人看见，当练习到一定程度时，要敢于"公开"，可以分两步进行，首先请自己的家人、亲朋好友做听众，使情绪放开，假戏真做，并让他们提出意见，以便纠正缺点，逐渐完善；然后，在公开场合亮相，随后在实践中注意锤炼自己的演讲能力，不断提高自我。

第三节 农业推广经营服务技能

农业推广就其本质属性而言，具有教育性、公益性、服务性及某种程度上的经营性等综合特性，随着农业推广的多元化发展，经营服务成为农业推广的重要组成部分，熟练掌握经营服务的基本原理与技巧，是各类农业推广人员必备的基本技能。

农业推广经营服务是农业推广机构及人员以经营为前提，以农资和农业技术为载体，按照市场化方式运作，使推广的技术和物资被农户接受，实现推广人员与农户双赢的一种推广方式，其主要内容包括农业生产的产前服务、产中服务、产后服务。产前服务是指在农业生产前期的生产规划、生产布局、农用物资和生产相关技术的准备阶段，推广人员为目标群体提供生产相关的农用物资和农产品的市场销售和价格、农用物资种类、现行的农业政策与法规等信息服务，以及相关规划服务、经营服务等过程。产中服务是指在农业生产进行过程中，推广人员为目标群体提供生产中所急需的农用物资、生产技术指导及劳务承包等服务。产后服务是指在目标群体完成生产周期后，推广人员帮助目标群体进行农产品的收获、加工、收购、贮藏、销售等服务。

一、农业推广经营服务的基本原则

农业推广经营服务的指导思想必须坚持以服务目标群体为宗旨，在农业推广过程中，应以服务为宗旨、以技术为核心、以经营求活力、以管理求实效，处理好经营与服务的关系，坚持以下四个基本原则。

（一）技物结合原则

农业推广经营服务要发挥优势，扬长避短。在技术指导时，提供物资等方面的配套服务，这些物化技术，生产者愿意购买，也容易见效。同时，技术与物资服务的结合，有利于推广对象模仿学习新技术。

（二）价值增值原则

价值增值是指通过经营和管理活动，把低投入转换成高产出。伴随农业推广经营服务过程，有投入与产出的经济运行过程。一方面推广机构与人员必须以营利为基本原则，另一方面要为用户带来利益，这要求农业推广经营服务经济实惠，适应用户需求，符合当地产业发展政策。

（三）用户自愿原则

推广活动的产出效果在很大程度上取决于实施过程中用户的积极参与。自愿才能自觉，才能按规程操作，并且进行适当的配套投入，达到应有的产出效率，所以，技术的经营服务应促使目标群体自愿接受，而不能强迫用户采用。

（四）讲求信誉原则

农业推广经营服务必须遵纪守法，同时，要树立良好的经营形象，端正服务态度，讲求信誉，杜绝假冒伪劣农资产品上市销售，以让利和微利取信取悦于目标群体。

二、农业推广经营策略

农业推广部门开展经营服务，既有政策扶持，又有技术优势，如果经营管理能够跟上，就能获得良好的效益，农业推广工作就能正常进行。因此，农业推广部门开展经营服务，在确立上述经营指导思想与原则的基础上，应注意掌握如下经营策略。

（一）以市场为导向

农业推广经营要想在竞争激烈的市场经济中站稳脚，必须研究和认识市场，研究市场对企业、对经营的各种影响和作用。按照市场需求及变化规律，一方面积极组织农业生产资料货源，拓宽销售渠道，增加销售数量，提高经营效益；另一方面，积极联系和不断开拓农产品销售市场，帮助当地农民及时将各种农产品推向市场，既可解决农民种地的后顾之忧，增加农民收入，又可通过销售农产品，获得一定的经营效益；三是根据市场需求，积极组织订单农业。订单农业的组织实施，既有利于促进生产资料的配套销售，又能相对降低经营风险，还有利于更好地满足国内外市场需求，对生产者、经营者和消费者都有利。相反，不了解和研究市场，不以市场为导向，盲目开展经营，就很难达到预期的目的和效益，甚至出现商品滞销、积压、亏本等不良结果。

（二）以政策和法律为依据

任何经济活动都必须在一定的政策法令、法律法规范围之内进行。农业推广部门开展经营服务，要特别注意学习和掌握国家的有关政策、法规、法律及经营业务知识，坚持做到以政策和法律法规为依据，坚持守法经营，顺应国家经济发展的方向，抢抓生产和经营机遇，获得政策扶持、支持和保护，获得较高的生产经营效益，确保农业推广工作的顺利进行，促进农业推广事业的发展。

（三）以推广带经营

做好农业推广工作是农业推广部门的重要职责，坚持以推广带经营又是农业推广部门开展经营服务的重要优势。每一项农业推广工作，尤其是农业技术推广活动的开展，都离不开经营，离不开生产资料的配套服务。其中，一些物化的新技术，如新品种、新肥料、新农药、新的生长调节剂、新兽药、新饲料等的推广，其本身就是一种物资经营活动，农民对这些新产品认识深，兴趣大，舍得花钱投入，是农业推广部门开展经营服务的重要支柱项目。同时，一些非物化技术的推广，尤其是一些组装配套技术、综合技术，如模式化、规范化种植与养殖，规范化种子生产等，也都需要以相应的物资配套服务为基础，否则，这些技术的推广就很难落到实处，也很难达到预期的推广目的和效果。因此，农业推广部门，结合农业推广工作开展经营服务，坚持以推广带经营或实施项目带经营是最基本的经营策略。

（四）扬长避短

农业推广部门开展经营服务，既存在一些优势，同时也存在不足，只有正确认识长处与短处，充分发挥优势，尽量克服不足，做到扬长避短，才能不断推动农业推广事业的发展。要热情地为农民开展技术服务，把农业新成果、新技术的推广与种子、农药、农膜等农业生产资料的配套服务紧密地结合起来，要做好技术咨询、技术培训和技术指导服务，确保新技术、新成果的成功推广，并取得良好经济效益、生态效益和社会效益。

（五）树立良好形象

农业推广部门开展经营服务，要立足服务，讲求信誉，坚持微利经营，严禁销售假冒伪劣商品，并端正服务态度，做到和蔼可亲，服务周到，无偿提供技术咨询，满足农业推广目标群体需要。

（六）协调好关系

农业推广部门开展经营服务，需要处理好与农资经营主渠道的关系，要相互尊重，加强合作；还需要处理好与管理部门的关系，要与地方领导与管理部门加强沟通，取得支持；还要处理好与工商、税务、农药、种子和质量监督部门的关系，要与上述相关部门加强沟通，自觉接受和配合工商行政管理、税务、质量监督、农药和种子监督管理部门的检查和监督，减少不必要的麻烦。

第四节　选择农业推广模式

农业推广模式是一个国家或地区农业推广目标、对象、内容、策略、方法、组织结构及其运行机制的总和。根据联合国粮农组织的分类,世界上现行的主要农业推广模式有八种,即一般推广方式、产品产业化推广方式、培训和访问推广方式、群众性推广方式、项目推广方式、农作系统开发推广方式、费用分摊推广方式以及教育机构推广方式。而在我国的农业推广实践中,推广人员和农民群众也创造了许多适合我国不同地区特点的以政府推广机构为主的多元化农业推广模式,在推广过程中,农业推广人员应根据实际情况且综合考虑多种因素,灵活选用合适的推广模式。

一、项目推广方式

项目推广方式是政府推广机构运用较为普遍的一种推广模式,是以推广项目的形式来推广技术。农业推广除推广常规的技术外,每年国家和各省市科技和推广部门都要确定一批农业科技成果、农业科技专利,以及从国外引进并经过试验、示范证明了其适应性和先进性的农业新技术,作为国家或地区的重点农业推广项目,进行技术的组装、配套,集中人力、财力、物力,调动各有关部门进行大面积、大范围推广。作为农业项目推广技术,一般是要经过项目的选择、论证、试验、示范、培训、实施、评价等步骤,关键是项目的选择、论证和示范。通常情况下,项目推广地区广、影响面大,各地的生态生产条件千差万别,因此,要加强针对性,因地制宜地选择与论证项目,综合考虑农业推广地区群众的接纳能力、经济状况以及推广人员的能力和物资供应、市场影响等多种因素。

农业推广项目可以是全国性重点推广项目,如国家农业系统实施的"丰收计划"推广项目、科委系统实施的"星火计划"推广项目等,这些推广项目在全国范围内实施,覆盖面广,可在较大范围内取得经济效益和社会效益;也可以是各省、市、自治区根据本地区实际情况拟定的地区性农业推广项目,这些地方性农业推广项目的实施,往往有利于发挥各地的资源优势,形成各地农业的各种产业特色。

农业推广项目的组织与实施,是一项复杂而细致的工作,必须做到有计划、有组织地进行。因而必要时要动员和组织教学、科研、推广等方面的人员及地方上的各级领导参加,组成行政领导和技术指导两套班子,搞好农业推广项目实施的分工与协作，即行政领导小组主要协调解决项目推广中的各种问题，技术指导小组负责拟定农业项目的推广方案及技术措施，并共同做好相应的农用物资供应及人员的后勤服务工作，从而才能保障项目的推广与顺利实施。

农业项目推广常以示范推广作为重要手段。其方法是在项目选择确定之后，由各级政府出资，选择有代表性的生态区域，集中应用各项新技术或配套适用技术，建成高产、优质、高效的典型样板，如各种农业试验区、示范区、高新技术产业园、生态园、示范工程、示范农场等，将推广项目的技术优越性和先进性展示出来，通过组织观摩、培训、参观等形式，调动农民学习采纳新技术的热情和积极性，从而促进农业技术的传播和应用。

二、技术承包推广方式

技术承包是农业推广系统深化改革的产物，改变了过去单纯依靠政府推广机构按常规方式推广农业技术的做法，通过与农民或生产单位签订技术承包合同，运用经济手段和合同形式推广农业技术。其核心是对技术应用的成效负有经济责任，用经济手段、合同的形式，把科技人员、生产单位和农民群众的责、权、利紧密结合，是一种用经济责任制推广技术的创新方式，有利于激发和调动农业推广主体与受体双方的积极性，增强科技人员责任心，从而把各项技术推广落到实处，是加快科学技术推广的有效途径。技术承包适应的内容主要是一些专业性强、难度大、群众不易掌握、市场化要求高而且经济效益显著的技术，或新引进的技术和成果。具体承包方式多种多样，在实践中应用较多的的是以下几种：

（一）联产提成技术承包

农业联产承包是指承包者对所承包的项目负责全过程综合性技术指导，把所推广的农业措施和所得的农作物产量挂钩，如果增产了，其增产部分依约定，技术承包方有提成；如果减产了，其减产部分依约定，按其责任所在，由承包方或双方共同承担。采取联产提成技术承包责任制，一般是在技术承包方有把握、有方案、有物质，技术需求方有信心、有投资、缺技术的情况下形成的。大多数用于地膜覆盖、配方施肥、畜禽养殖等新技术以及农作物新品种的推广方面。

（二）定产定酬技术承包

定产定酬技术承包是指承包者对其承包的项目负责技术指导，达到规定的产量指标，按规定收取报酬。若因非技术失误造成了减产，不取报酬，也不

赔偿。

(三)联效联质技术承包

联效联质技术承包是指承包者对其承包的项目负责技术指导,达到或超过规定的效果和质量指标,给予合理的报酬,如因技术失误达不到规定的效果和质量而造成损失,应予以赔偿。

联效联质一般是在技术需求方要求迫切,承包方直接参与技术指导操作,甚至保障物资供应的前提下形成的。这种形式适用于周期短、见效快的技术项目,如除虫、防病、除草、灭鼠和施用肥料和植物生长调节剂等。

(四)专项技术劳务承包

有些农业推广项目,其中的多数内容是人们掌握或基本掌握的,因而某一专项技术就有可能成为增产、提质或者增效的关键环节,如育苗、病虫害防治、销售等。针对某一专项技术方面的承包,不仅包技术,还承包其中的劳务,称为专项技术劳务承包。这种承包也要签订合同,保质保量,实行有偿服务。根据农村具体情况,专项技术劳务承包又有多种承包形式。

(五)农业集团承包

集团承包是在农业承包基础上发展起来的,是对于某一作物或多种作物进行技术承包的一种形式。这种形式的特点是:纵向上下(省、地、县、乡、村)多层次结合,横向左右多部门(农业、供销、银行、水利等)结合,技术部门多专业结合,行政领导和技术人员结合,技术和物质结合。这种"政、技、物"和"责、权、利"结合的综合性承包,更有利于发挥配套技术的整体功能,提高规模效益;更有利于调动人员的积极性,进一步提高社会效益和经济效益。

技术承包推广方式一般要求农业技术承包双方经过充分协商,自愿签订明确各自责、权、利的技术承包合同。合同应详细规定技术承包单位或技术人员、受承包单位或农户双方的权利与义务,其内容一般包括技术承包项目的名称、面积、形式、户数和质量指标、技术措施、收费标准、超产分成、技术失误减产赔偿比例、核产方法、违约责任等。

三、技术、信息和经营服务相结合的方式

农业推广组织或人员以信息、技术为基础,利用一定的时间和场所向生产单位或农民开展技术和物资相配套的经营服务,这种方式叫技术、信息和经营相结合方式。随着新农村建设发展的需要,农业推广的内容发生了很大变化,这不仅给农业推广人员自身素质的提高提出了更高要求,而且也促进了农业推

广方式的创新。从单纯的产中技术服务扩展到产前生产资料供应、产中技术指导和产后农产品销售,将技术服务、信息服务和经营服务融为一体。采取技术、信息和经营服务相结合的推广方式,可以充分发挥农业推广部门和推广人员的专业优势,将物化的科技产品与相适应的应用技术服务"捆绑"在一起,既可以满足农民对物资的需要,又可以保证技术的推广和使用,同时还可以增强推广组织自我积累、自我发展的能力,使大量新产品、新技术能及时广泛地应用于生产,方便群众,满足生产的需要。

技术、信息和经营服务相结合的推广方式,其具体表现形式就是推广组织或各种社会力量兴办经济实体,即根据农业推广和生产的需要,经营相适应的物资供销业务。这是我国在农业推广方式上行之有效的重大改革,解决了过去科技推广与物资供应相脱节的状况,为农业推广较快取得效益提供物资保证,实现了推广部门由单纯服务型向有偿与无偿相结合的转变。随着我国市场经济的不断完善,通过兴办经济实体来进行农业推广的方式,具有广阔的发展前景。

从信息的角度看,农业推广组织应立足于运用信息技术加快农业结构的战略性调整,积极推进知识、技术、品种、市场四大创新工程,为农业增效、农民增收服务,及时为农业生产第一线的农民提供优良品种、技术指导、市场需求、农产品和农业生产资料价格行情、气象预测、国内外劳务需求、招商引资项目、政策法规等方面的信息,逐步把各地农业技术推广中心建成展示农业结构调整成果和名特优农副产品的窗口,成为沟通政府与农民、农民与市场之间的桥梁与纽带。

农业推广组织举办自己的经营实体要有明确的指导思想,即必须根据农民的需求,坚持为农民服务的方针,一切经营活动与技术信息服务都应该有利于农业科技推广,不能单纯追求经营利润,要把推广与经营结合起来,坚持推广工作与经营实体协调同步发展,做到立足推广搞经营、搞好经营促推广。

四、教育、科研、推广相结合的推广方式

农业高等院校和科研机构是绝大多数农业科技成果的研制生产单位,具有独立的知识产权,拥有强大的人才、技术优势。随着我国市场经济体制的完善和建立,农业教育院校及科研院所开始走向市场、走向农村,积极参与到了农业推广工作中,形成了多种适合自身特点的推广方式。

建立教学和科研示范基地是农业院校和科研单位推广农业新技术的有效

推广方式。农业院校和科研单位根据自身优势和专业特点选择有代表性的地区，与地方政府、相关企业和村民委员会充分协商，在自愿的基础上创建种植、养殖、加工、生态农业、绿色农业、有机农业等多种多样的科研示范基地。基地生产部门提供土地、厂房、设施设备以及师生教学实习条件和科研人员科学研究条件；学校和科研部门为地方提供部分尚未推出的技术成果，派出专家技术人员参加技术开发、技术指导和培训、信息咨询等各种科技服务活动。

以技术入股或技术转让的方式推广新技术是适应市场经济体制而形成的农业推广方式，具有强大的生命力和广阔的发展空间。技术入股是院校和科研单位将具有自主知识产权的技术成果，以股份的形式投入到生产单位，共同对新成果进行开发推广和生产经营的活动。技术转让是指特定的专利技术在不同法律主体之间的有偿转移。科技成果作为商品进入流通领域，既是现代市场经济社会的特征，也是知识产权保护的核心。这一方式主要适用于经济效益显著、技术上有较大难度、易于控制、见效快的物化技术成果，或技术秘密易于控制的成熟的非物化技术成果。

五、"公司＋农户"的推广方式

在市场经济条件下，企业是市场经济行为的主体，是技术创新、推广、传播最活跃的力量和最有效的途径。随着我国市场经济体制的不断完善，大量农资生产企业，农产品加工、运销企业，农业生产经营、服务、开发企业等，为了企业自身的效益和市场竞争优势，在农村建立生产基地，与广大农户形成紧密的利益关系，组建企业自己的推广机构，围绕农产品的生产经营开展推广服务活动。这类企业通常根据当地的优势产业或重点农产品，以利益机制为纽带，通过合同、订单、契约等形式与农民结成不同形式的利益共同体，实行产、供、销一体化经营和贸、工、农一条龙服务。

"公司＋农户"的推广方式，通常是一些企业在推广、销售企业生产和开发的新型农机、农药、化肥、农膜等生产资料的过程中，为农民提供生产过程中的配套服务，或者是一些农产品加工、运销、生产企业，围绕农产品的生产，以建立基地的形式与分散的农户签订合同，并派遣技术人员指导服务，然后按合同收购产品。企业组织和引导农民进入市场的龙头，有效地克服了小生产与大市场之间的矛盾，提高了农民进入市场的组织化程度，促进了农业产业化的发展，使农业技术的推广更具有针对性和适应性，极大地提高了农民接受并应用新技术的主动性和积极性，有效推动了农业技术的推广和传播。

六、农民互助合作推广方式

农业推广的实践表明，对于一项农业新技术、新成果的应用，农民只有看到在农业生产中的实际效果以及其他农户采用后的反映时，他们才更乐于接受。因此，在进行农业推广时，应利用农民的相互影响作用，特别是通过那些热爱科学、积极钻研技术、有一定农业科学技术知识的生产能手、科技示范户、专业户等，自发地组织起来，带头学习农业知识，传播农业科技。

农民专业技术协会、研究会以及经营合作组织是农民在参与市场的过程中，自发组织起来的，以农民为主体，吸收部分科技人员作顾问，以农民技术人员为骨干，主动寻求并积极采用新技术、新品种，谋求高收益的经营组织。由于其不断引进新技术和快速有效扩散技术的运行机制，适应了众多农户的要求，因而加快了农业现代化及智慧化的前进步伐。

这类组织一般属于民间性质，由于其在农业推广活动中既发挥着普及推广农业科技的作用，又在农村、农民中发挥着良好的示范带头作用和强大的组织作用，因此它的蓬勃发展，在推进农业现代化建设过程中，具有极其重要的现实意义和深远的历史意义。因此，《中共中央、国务院关于当前农业和农村经济发展的若干政策措施》中明确指出："农村各类民办的专业技术协会（研究会），是农业社会化服务体系的一支新生力量。各级政府要加强指导和扶持，使其在服务过程中，逐步形成技术经济实体，走自我发展、自我服务的道路。"

农民专业技术协会、研究会、合作经营组织，上靠科研、教学、推广部门，下连千家万户，面对城乡市场，具有较强的吸收、消化和推广新技术、新成果的能力，以及带领农民走向市场、参与市场竞争的能力，其是我国农业推广战线上的一支重要力量。

第五节　选择农业推广方法

农业推广方法，是指在农业推广过程中，推广组织与人员所采用的不同形式的组织措施和服务方式的统称。农业推广方法选择是否恰当，直接影响着推广效果。所以，农业推广人员在推广过程中，要综合考虑推广内容、推广对象的科技文化素养、推广过程中软硬件条件、推广的不同阶段等多方面因素，选用适宜的推广方法，以促进农业推广项目顺利开展。

一、农业推广的主要方法

在农业推广中，对农业推广方法的分类有多种方式，但最常用的一种是联合国粮农组织（FAO）出版的《农业推广》一书中的分类，它根据信息传播方式的不同，把农业推广方法分为三大类：大众传播法、集体指导法和个别指导法。

（一）大众传播法

大众传播法就是使用各种传播媒介，如广播、电视、电影、录音、录像、计算机网络以及报纸、杂志等各种印刷品，通过声像和文字的交流方式，对一定区域内的农民传播科学知识、技术和信息的一种方法。大众传播媒介很少受空间限制，可以使信息传播面向整个社会，具有广泛的传播对象，特别是广播、电视、计算机网络等现代传播工具，在同一时间里将信息传向四面八方，迅速而及时。农民通过上网，利用现代信息传递技术，实现信息的双向传递，其意义将更为重大。另外，通过大众传播的各种信息是经过精心加工整理的，且发送单位有较高声望，容易得到接收者的信赖，有的传播媒介如报纸、杂志等还可长期保存、重复使用。这种快速及时、传播范围大、信息量大且具有权威性、实用性的农业推广方法，可以引起广大农民对新技术产生广泛的兴趣，满足人们了解其基本知识和技术的需要，加速和加强农业推广的效果。

1. 印刷品及文字宣传媒介

（1）报纸。报纸是农业推广的有效渠道，从城市每日出版的大报到区乡一级的小报，携带方便，学习灵活，因而拥有的读者多，信息容量大，传播速度也快。农业推广人员既可以因地制宜，根据农事季节的要求，通过报纸介绍一些关键性的农业技术，又可以预告重要活动，报道各种活动的主要内容、议程和推广活动的结果等，让农民群众对活动有一定的了解，还可报道农业方面的其他相关信息、市场商品信息、新的研究成果、有关统计数字等，用于及时指导当地的农业推广工作。

（2）农业书刊。"书籍是人类进步的阶梯"。农业书籍包括农业史书、专著、实用手册、农业科技杂志、简报、技术信息手册等。农业书籍系统介绍某种专业知识，专业性强，周期较长。专业杂志和简报介绍国内外农业成果、经营管理经验，推广项目的技术、方法和技术评价等内容，能及时传播专业信息，传递信息快且成本低。农业简报及时报道各地农情、农业信息、市场行情、动态、推广信息、病虫害测报信息等，周期短，传播及时。农业技术手册则是推广人员的工具书，它提供各种农业技术基本知识、计算方法、数字检索、问题解答等。

（3）墙报及黑板报。墙报及黑板报在广大农村使用较多，即采用简短的文字、图画或图片，将各种对当地农民有用的研究成果和新推荐的农业措施表达出来，而且不需要较多的投入。墙报及黑板报一般都办在人群来往密集的场所，并尽可能具有生动简明的标题，内容也尽可能简短、生动，易于阅读理解，因而也是一种农村广大农民群众喜闻乐见的农技宣传形式。

2. 视听宣传媒介

（1）广播。广播是一种向广大农民进行宣传的最快和最得力的工具。广播的特点是传播速度快、距离远、不受时间空间的限制。当然，宣传农业科技的广播内容，在安排上要适应听众的兴趣，形式要多样化（如采用对话、广播剧、广播谈话、讲故事等），播音要通俗。广播时间安排要考虑农民的作业时间、季节特点和生活习惯。地方广播传播的内容要针对性强。通过广播可以传递农民所需的各种农业信息，如气象预报、病虫测报、农业政策和时事、市场信息等；进行不同农事季节的生产知识和技术、经济流通问题的专题讲座；介绍先进的农业生产经验、农业评论或专题访问等。

（2）电影、电视。电影是通过声、光、电传递音像的一种视听媒介。其特点是能够传递音、像、色彩兼备的动态画面，给人以极强的真实感，其作为宣传工具具有很强的感染力和号召性，一次性传播范围较广，是农业推广比较理想的传播手段之一。以电影作为农业科技宣传工具，组织者必须首先熟悉宣传的主题，放映前后做必要的解释和说明，以提高推广效果。

电视是远距离传输图像和声音的工具，电视兼有广播和电影的特点，可将生活中发生的事逼真地、实时地反映在屏幕上。农业、农村电视节目，除央视农业频道定时播放各种农业技术、信息外，还有各地电视台都有类似的节目安排，特别是县以下的电视节目更具有针对性、指导性。有的农业频道还组织电视教学，通过把各种直观教学工具如图片、图表、幻灯片和电影片等结合在电视这个媒介之中，成为一种理论联系实际的有效推广手段。可以说，通过电视播放的各种农业科教节目是农民接受农业知识和信息的最重要途径，而且各种各样的节目也是农民了解自然界、了解社会、改变观念、接受新思想的重要途径和手段。

（3）录音、录像。录音可长期保存，反复多次使用，是传播农业科技的有效手段，它可以扩大口头传播效果，把专家或推广人员讲的技术措施广泛传播，帮助听众解决记录困难的问题。录像也是一种独立的声像传播手段，很多农业科技被制成了录像带、光盘、影碟、U 盘等存储介质，农民可以根据自

己的需要进行选购。

（4）互联网。利用互联网的强大功能，进行大量信息的传播和互动，是一种现代信息技术和有效的传播手段，通过在全国进行农业推广信息网络的建设，实现全国农技推广系统的信息与全国农民和相关农业部门直通。农民可以随时通过上网查询，获得所需的农业生产技术指导和生产资料供需信息，并且可以发布农产品的供货信息和生产资料的需求信息。

高度重视现代信息技术的运用，是扩大农业推广范围，寻求农业推广服务与国际接轨的战略要求。我国由各级政府、有关农业部门、农业高校、科研单位、涉农企业等自主建设或联手建设的农业网站，已成为农业推广的重要力量和促进农产品及生产资料流通的重要途径，有力促进了农业推广服务向更加广谱、实用、高效、便捷的方向发展。

（二）集体指导法

集体指导又称团体指导，是指推广人员把一定数量的、具有类似需要与问题的农民集中起来，采取一定的组织形式，利用相应的手段进行技术指导和信息传播。

1. 集体指导法的特点和原则

集体指导一次可向多人进行技术和信息的传播，传播速度快，并能进行面对面的双向沟通，得到及时的反馈，可以节省费用和收到较好推广效果。集体指导可以用较长的时间，对难度较大的技术项目进行集中培训，特别是对传播新观点、新方法、新技术更为适宜，但对于个别农民的特殊需要难以满足。集体指导常用的方法有短期培训班、现场参观指导、工作布置会以及经验交流会、专题讨论、小组讨论等。

集体指导要坚持自愿参加的原则，指导内容一定要适合农民的需要，讲解他们最感兴趣的问题。指导的时间尽可能选择利用农闲、雨天或农民认为合适的时间，占用的时间不能太长。集体指导一次只能讲1～2个题目，内容多了不利于记忆。同时，因集体指导的对象多、文化层次不同，讲解问题时要注意效果，多用实例说明，以切合广大农民的听课实际，做到讲授内容深入浅出、语言表达通俗易懂，便于理解和掌握。

2. 集体指导的应用

（1）培训班。省、地（市）、县、乡、村各级农业推广组织和农业院校、科研单位、各种社会力量都可以举办培训班，向不同层次和水平的技术人员或农民传播一定的农业知识和技术。基层培训的对象主要是乡镇、村领导，农民技术员、示范户和有文化的农民，可集中一定时间进行培训，讲解推广项目的内容、目标和技术要点。随着大量农业劳动力的转移，对农民的培训也不仅仅局限于农业知识和技术的培训，各地政府和各种社会力量开展了各种职业技能培训、就业培训、卫生家政知识培训等。农民培训作为改变农民观念、转变农民态度、传播各种技术最有效的手段，是农业推广主要的方法之一。

（2）集会。集会的种类很多，也很复杂。农业推广中的集会大致可归为两类：①一般的工作性集会。工作布置会、专题讨论会、经验交流会等都属于工作性集会。上级推广部门向下级推广部门安排布置推广项目时，一般采用工作布置会的形式，在工作布置会上明确提出项目的时间要求、要达到的目标技术要求、具体实施方案和工作方法等。专题讨论会是在农业推广中，对某些专门技术或某个项目的关键技术，集中有关人员和农民参加专题学习和讨论。经验交流会则是请推广技术的先进典型代表、示范户等交流他们的经验和做法，达到传播技术和经验的目的。②特殊性集会。各种技术观摩会、成果展览（展示）会、农产品订货会、生产资料展销会、农业知识和技术竞赛会等都属于特殊性集会。农业推广组织下乡所组织的一些有关实践活动也是一种特殊性集会。这类集会除了具有教育农民的功能外，还兼有宣传作用，可以广泛推广先进实用的农业科学技术及运用这些技术所取得的成果。

（3）现场参观指导。组织农民到试验、示范现场或先进地区进行参观考察和实地指导，主要考察学习先进的农业科技措施、项目。这种方法能够让农民亲眼看到新技术的实际效果，增加农民对新技术和项目的感性认识，并可以边学习边操作，能激发农民的学习兴趣，具有较强的吸引力，对改变农民的观念和行为、扩大农民的视野有很好的作用，只是这种方法要花费很多时间和精力来做准备，费用也较高。

现场参观指导应当有组织、有目的、有计划地进行，地点的选择要适合农民的需要和兴趣，交通要便利。参观的项目应具有较强先进性和示范性。推广人员要认真准备，在参观过程中耐心讲解，必要时可请示范田的管理者介绍应用新技术成果的经验和效果。参观结束后组织讨论，帮助农民认真总结，提出改进意见。

（4）小组讨论。采用小组讨论形式实施集体性辅导，是基层农业推广组织与人员经常性的活动。一般都是由多人参加的会议或交谈，就当地、当时共同关心的主题进行讨论。农业推广人员利用小组讨论会与农民保持双向沟通的关系，在讨论小组中，农民作为小组成员参加，并和其他人一起研究问题。通过小组成员讨论问题，交换看法，可以使广大农民群众增加对新项目、新技术的认识和了解，弄清技术实施中的疑问和难点。同时，在互相讨论中还可以交流

经验，学习好的方法。这种方法的不足之处是费时较多，而且人数不宜太多。

为了提高小组讨论的效果，推广人员要充分做好讨论前的准备，明确讨论的主题，确定讨论的参加者和讨论的地点、时间。一般小组讨论的适宜人数在6～15人，最多不应超过20人。地点一般应选在环境较好、比较安静的地方，时间多选在农闲季节、晚上。

（三）个别指导法

个别指导是农业推广人员与个别农民之间的传播和指导关系，是一种深受农民欢迎的推广方法。个别指导可以增进农民对推广人员的信任感，通过与农民面对面的双向沟通，推广人员更能深入了解农民的想法和需要。采用这种方法，可以针对不同的对象、不同的要求，准备不同的内容，做到因材施教，有的放矢。但个别指导也有不足之处，主要是推广人员与农民直接接触，农民多而且居住分散，传播的信息量有限，服务范围窄，费时费力，规模效益差，所以个别指导要有集体指导的配合。常用的个别指导方法有以下几种：

1. 农户访问

对专业户或农户进行直接访问，成本高，接触面小，但是有较强的说服力，所以无论是在推广计划的设计期间还是在执行期间，都有使用价值。访问的目的主要是熟悉受访对象及其家庭情况，了解专业户或农户在生产中采用的技术措施与存在的问题，并提供技术信息与协助。进行专业户或农户访问应该明确访问的主要活动事项和活动目的，谨慎制定计划和进行准备，并按工作程序进行。这一方法是推广人员最常用、最有效的方法之一。通过农户访问，推广人员可以最大限度地了解农民的需要，并帮助农民解决实际问题，特别是解决个别农民的特殊问题和推广难度较大的专业技术、技能。农户访问要求推广人员具有较高的素质、明确的目的和充分的准备，访问对象应以科技户、示范户、专业户和具有代表性的农户为主。

2. 办公室访问

办公室访问是农业推广人员在办公室接受农民访问，解答农民提出的有关生产实践的问题和要求。这样一种形式反映了农民的主动性，属于较高层次的咨询服务工作。农民访问的问题已不局限于生产技术指导、品种使用等，还有经营管理、产品销售等各个方面。农业推广组织兴办经营实体，能更好地建立农民与推广人员之间的联系，为解决农民生产、经营、销售等各方面的问题提供方便。访问者都是有意图而来，想接受推广人员的指导，因此，指导效果较好，能与农民建立良好的关系，同时推广人员也节约了时间、资金。办公室咨询要求推广人员具有较高的素质、广博的知识，办公室地点和时间的选择要便于农民访问，要靠近市场或生产基地。

3. 巡回指导

巡回指导是农业推广人员走乡串户，面对面地对农民进行的技术指导，如有计划地访问农户，利用各种机会同农民接触，组织顾问团在生产关键季节进行现场考察指导，上级专家到第一线访问指导等，是农业推广中最常用、最基本的方法之一。农业科技人员同农民接触进行直接交流，可以取得农民的信任与合作，了解和掌握农民及其家庭的第一手资料，从而有针对性地提供解决问题的信息和技术措施，做到有的放矢，指导大面积的农业推广工作。

4. 电话、函件访问

电话访问省时、迅速，遇到技术难题可以随时咨询，但如果仅仅是以电话的形式、函件的形式联系，不结合现场情况深入到实践中去，不和农民面对面的接触，指导效果也会受到影响。所以，如果把电话联系与现场解决问题结合在一起，效果就会好得多。

5. 互联网访问

互联网具有实时、互动的优点，在农业推广工作中，农民可以通过电子邮件、QQ、微信、论坛等形式，向农业推广人员和各种专家、教授、学者咨询访问，也可与全国各地的专业户、示范户等农民朋友交流经验和教训。

无论采用何种形式开展个别指导服务，都要真正从农民的利益出发，加强指导的针对性、实效性，并且必须注意时间要适宜，一般在农民有要求时，或在生产关键季节和环节，做到农民有呼必应、随叫随到。在与农民交谈中要掌握技巧，特别是要注意平等、友好、热情。要尊重农民意愿和农村习俗，注意循循善诱、水到渠成，而不能强制要求农民接受尚未理解的以及尚不愿吸纳的技术。在个别指导时，还应做好指导记录，以便做好连续性服务。

二、农业推广方法的选择确定

农业推广方法很多，各种方法特点不同，适用范围、项目、对象也不同。因此，在农业推广工作中，要因时、因地、因人、因物的不同而应用适当的方法，充分发挥各种推广方法的优势和特点，提高农业推广的效果。农业推广方法的选择可根据以下基本原则进行：

（一）农民的素质

农民是农业推广的对象，也是农业推广的核心，围绕农民开展农业推广工

139

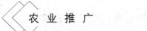

作，农民的素质是影响新知识、新技术传播和接受的重要因素之一。行为理论表明，农民的知识、态度、技能、需求、年龄等对接受新知识、新技术有很大的影响。农民的素质特别是文化素质不同，对新生事物的态度、接受能力、决策应用能力则有明显的差异，因此，要根据农民的素质和需要选择推广方法。

（二）推广项目的类型

农业推广项目根据不同的标准可以划分为不同类型，各种类型的推广项目具有不同的特点，技术的复杂程度和对农民的要求差异巨大。比如良种、化肥、农药、农机等生产资料，通过宣传、咨询、售后服务就可以取得较好的推广效果；合理密植、棉花整枝、地膜覆盖等单项技术，一听就懂，一看就会，只要听一次讲课或进行一次现场参观就能掌握实施；蔬菜保护地栽培、雏鸡人工孵化、农产品加工贮藏等技术，需要比较多的知识，一般要经过专门的培训才能掌握。

（三）农业推广部门的条件

农业推广组织自身所拥有的设施设备、推广人员、业务水平等也是影响推广方法选择的重要因素。比如，推广人员少、业务多的推广组织，就很难开展巡回指导和农户访问。企业推广组织常常根据自己的经营项目，采用集中培训、个别指导、小组讨论等推广方法保证产品的质量与效果。国家和省级推广组织，则更多采用大众传媒、信息发布、组织项目等方法进行农业推广。

（四）推广地区的条件和设备

推广地区的基础设施和条件是指交通、电讯、电力、广播、电视、网络等，直接限制了推广方法的选择。如农业网站、网络咨询、电话服务等在通讯和互联网络信号覆盖较差的地区就不太适合，而应采用其他推广方法，如巡回指导、小组讨论、黑板报以及发放技术资料等。

（五）农民对农业推广项目接受采纳的不同阶段

根据农业创新扩散理论，在农业技术推广过程中，农民对新技术从了解认识到接受采用需要一个漫长的过程，不同的阶段具有不同的特点。推广人员应根据推广的目的、推广对象和自己的客观实际，在农民采用过程中的不同阶段选择最适宜、最有效的推广方法。

1. 认识阶段

在认识阶段，农民对所推广的项目和技术尚未了解或一无所知，因此，推广的目的是让农民尽快了解、认识新技术、新项目并产生兴趣，所以，推广人员应主要采用大众传播的方法，通过广播、电视、报纸杂志、农业网站等各种传播媒介进行宣传报道。也可通过展览、示范、报告会等方法，让更多的农民了解和认识。

2. 感兴趣阶段

在感兴趣阶段，农民对新项目、新技术产生浓厚的兴趣，希望深入了解和认识，推广人员应采用印发技术资料、培训、成果展示、办公室访问、电话、网络访问等方法，帮助农民比较全面地了解和认识推广项目。

3. 评价阶段

农民一旦了解了推广项目的基本信息，就会结合自己的实际情况进行评价，对采用新项目、新技术的利弊得失加以权衡，是否采用还处于犹豫之中。在这一阶段，农民希望进一步了解技术的难易程度、投资多少、市场前景、经济效益等，推广人员应采用小组讨论、集中培训、方法演示、组织参观、个别指导等方法，增强农民的信心，促进农民做出试用的决策。

4. 试用阶段

农民经过评价，认可了新项目、新技术的有效性，决定进行小规模的试验，希望通过试验进一步验证项目的可行性和技术的实用性。因此，在这个阶段，推广人员应采用个别指导、方法演示、农户访问、巡回指导等方法，帮助农民熟练掌握基本技术，防止试验结果出现偏差。

5. 采用阶段

试验结束后，农民将根据试验结果决定是否采用。对于决定采用的农民，推广人员应针对农民在生产经营过程中遇到的问题和需要，开展产前、产中、产后的全面经营服务和技术指导；对于决定放弃的农民，推广人员应采用个别访问、小组讨论等方法，分析和了解农民放弃的原因，解决存在的问题，促进农民采用。

农业推广实际工作中，推广人员要根据具体情况灵活采用不同方法，充分发挥不同推广方法的优势，促进农民在最短的时间内了解并采用新技术，满足农民的需要，使科技成果由潜在生产力转变成现实生产力。

第六节　农业推广项目实施

前面介绍过农业推广项目实施前一定要根据实际情况筛选项目并进行试验、申请，然后确定立项，本节重点介绍农业推广项目确定之后如何实施。组织实施是完成推广项目任务的关键和重要保证，必须落实到推广机构、推广人员身上，并对其实施的全过程进行管理，以保证项目目标得以实现。因此，农业推广项目的实施，是农业推广工作的最核心的环节，主要包括建立实施机构、制

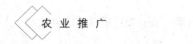

定实施方案、分解确定工作任务、进行项目指导与服务等工作内容。

一、建立项目的组织领导和实施机构

推广项目承担单位在项目下达后要建立项目的实施机构，这是确保推广项目顺利实施并圆满完成的组织保证，包括确定项目人员组成，明确项目和各推广区域负责人。在参加人员的搭配上，要吸收行政领导、科研人员、物资部门的人员参加。对一些规模大或重点的项目，可成立行政领导小组、技术指导小组、物资保障小组和项目实施小组。

（一）行政领导小组

行政领导小组主要由有关政府领导牵头，由农业、物资、财政、商业、供销、银行等单位的负责人组成，其主要任务是进行组织协调工作，解决项目实施中出现的人员、资金、技术等各种重大问题。

（二）技术指导小组

技术指导小组又叫专家小组，主要由农业技术推广、农业教育及农业科研部门的专家组成，其主要任务是制定农业推广项目的实施方案，进行农业推广项目的技术指导，解决推广过程中的各种技术难题，监督、检查项目的落实情况以及做好项目的总结交流及验收活动等。

（三）物资保障小组

物资保障小组主要由物资、财政、商业、供销、银行等单位的领导及工作人员组成，主要任务是组织协调和保障推广项目配套资金和物资的供给，帮助解决资金和物资等方面的实际问题和困难。

（四）项目实施小组

项目实施小组主要由基层政府领导、技术推广人员和生产单位负责人等组成。主要任务是按照农业推广项目的实施方案，进行项目试验示范、创办样板、开展技术培训和技术指导、印发技术资料、组织农民实施项目等。

对于一些跨省、市、县的规模较大的农业推广项目，还应成立全国性或地方性的项目协作组，以共同完成项目的组织实施。项目协作组的组成人员可以是全国农业技术推广机构，或各省、市、县的项目承担单位的负责人，并吸收有关农业科研单位、教育单位以及其他相关单位参加。其任务是共同进行项目的安排落实，督导检查、考察参观、交流经验、现场验收等工作。

二、制定农业推广项目的实施方案

项目的实施方案是有效执行项目计划、落实项目实施任务、实现项目实施目标的重要基础和保证，是农业推广项目适时、全面、科学实施的重要前提。农业推广项目实施方案的内容主要包括：

①项目实施的意义、需要解决的问题及完成任务的具体指标。

②项目实施的时间、地点、推广单位、推广人员、各项任务及推广区域负责人、协作单位、协作人员等。

③实施项目采取的技术路线。

④项目实施的进度安排（应分年度、分任务作出具体安排）。

⑤完成项目工作应采取的保障措施，包括任务的具体分解，试验、示范点的安排，推广方法的确定与技术指导的方式，推广经费的具体使用安排与配套物资供应等。

⑥领导小组、协调机构和技术指导组织的建立及任务划分。

⑦推广过程应注意的问题等。

三、任务分解和签订任务合同

为了确保农业推广项目适时、全面地实施和按时圆满完成各项任务指标，调动每一个相关人员的工作积极性，项目牵头单位和项目主持人要将整个项目任务指标按照工作内容和推广区域进行逐级分解，划分职责范围，明确工作责任，并与各参加单位、协作单位、项目实施单位逐级层层签订项目实施合同。明确和规范各个单位及人员的项目实施与完成的时间、地点与进度，以及要达到的技术经济指标，人、财、物的供给与保证，推广总经费及年度拨款金额，有偿使用经费与经费回收数量，奖惩办法与违约处理等。通过合同的签订，将推广任务的完成以法律的形式固定下来，使每一个参与单位及个人，明确自己的任务与责任，并做到分级管理和责、权、利有机结合，使项目管理层层落实，推广计划通畅执行，进而保证项目工作的顺利实施及项目目标的圆满完成。

四、进行项目实施

签订推广任务合同以后，各参与单位与部门应根据推广项目实施方案以及项目合同的任务要求，适时地开展项目推广工作，其主要工作内容包括：

（一）适时开展宣传和组织

为了使相关部门、单位、领导和广大农民及早了解与认识推广项目的实施意义、推广任务、推广目标和预计实施效果，各级政府和各参与单位，要充分利用广播、电视、报纸、墙报等各种宣传工具与手段，宣传推广项目的基本情况，或通过各种会议进行组织发动，从而使推广项目家喻户晓，人人皆知，为

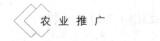

项目的推广实施打好基础。

（二）进行项目技术培训

项目技术培训的目的，是使相关基层领导和农民群众对新技术的适用范围、操作方法、技术要点以及注意事项等有一个全面的了解，以便于农民尽快地掌握新技术，并在实际生产中推广应用。在培训方式上，应做到集中培训与分散培训相结合，基础培训与实用培训相结合；在培训时间上，应做到不误农时，使培训与农业季节相结合，与各种会议及其他活动相结合；在培训方法上，应做到因地制宜、因势利导、抓关键、抢时间；在培训效果上，要注重实效，不搞形式主义，以农民真正掌握推广项目的技术为原则。

（三）做好项目服务

项目服务包括产前、产中和产后服务。产前服务主要是为农民提供技术、市场和效益等多方面的信息，帮助农民准备科技推广项目所需资金；产中服务主要是技术保障及建立项目示范、项目技术档案，搞好培训等；产后服务主要是帮助农民疏通流通渠道，推销项目产品等，保证农业科技推广使农民获得较好的经济效益。

（四）开展项目技术指导

一项新的科技成果和技术的推广，需要一定的时间和过程，有时很难通过一次集中培训就能达到预期效果。因此，农业科技推广人员还需要在集中培训的基础上，利用现场会或亲自到农民田间进行实地技术指导，才能使农民进一步了解项目技术的基本原理，掌握推广项目的操作方法与操作技能，才能真正亲自实施，实现有效推广。

（五）做好项目实施记录

项目实施是一个动态过程，为了全面分析、考核、比较、评价农业推广项目的执行情况和实施效果，就必须对整个实施过程进行翔实的记录。记录内容包括：推广的项目或对象，推广的时间和地点，推广人员和劳动力安排，设备资金运用情况等。要按时完成月份、季度和年度报告。

（六）适时进行监督检查

在项目推广实施中，主管单位和专家组要根据项目实施方案及合同规定的任务指标，对项目各实施单位的项目实施进度、计划任务的完成情况等进行定性、定量的检查评比，并按照奖惩规定，对相关单位进行表扬、批评和奖惩。要建立定期监督检查和报告制度，及时发现问题和解决问题，督促和惩罚后进，表扬和奖励先进，确保推广任务按时圆满完成。

第 五 章

农业推广项目总结、评价与鉴定

❀ 本章学习目的

农业推广项目的总结与评价，是农业推广项目的一项重要工作，也是项目管理的一种方式。通过对农业推广项目进行总结与评价，肯定成绩，明确差距，积累经验，发现不足，可以达到不断改进工作、提高农业推广效益的目的，同时也有利于检验科技成果的成熟完善程度，以便更好地反馈，促进新的成果不断涌现。

✎ 探究学习

1. 对农业推广项目进行整体全面总结并撰写报告。
2. 对农业推广工作进行科学、客观的整体评价并撰写评价报告。
3. 项目验收鉴定申请书的撰写及整理撰写验收鉴定材料。

🔍 参考学习案例

1. 各类总结报告交流会的现场影像资料。
2. 中华人民共和国农业农村部公告第 390 号。
3. 全国农业机械试验鉴定管理服务信息化平台。

第一节　农业推广项目总结

农业推广项目总结是农业技术推广项目的一项重要工作，也是项目管理的一种方式。通过总结农业推广项目实施过程中的经验和问题，可以达到不断改进工作，提高技术推广效益的目的，同时也有利于检验科技成果，以便更好地反馈，促进新的成果不断涌现。

项目总结除了每年进行年度总结外，最主要是在项目告一段落时，做好项

目实施全过程的总结，并为申请报奖提供主要依据。

一、项目总结的主要内容

（一）立项依据和意义

立项依据和意义的内容主要是项目的确立根据和由来，也就是总结项目的根据是否充分和可靠，主题是否正确，有没有针对性，是谁下达的任务，对农民、农村、农业的发展是否具有积极的作用和重大意义等，从而进一步检验确定项目的准确性和必要性。

（二）项目取得的成绩

项目取得的成绩主要包括项目实施以来的推广面积、范围、产量水平、增产幅度等方面的情况。看是否达到了项目合同规定的指标，执行中有何重大发展和突破，取得了多大的经济效益、社会效益和生态效益。

（三）项目的主要技术与改进

项目的主要技术与改进，主要包括要达到预期目的而采取的技术原理是否科学和可行，是否紧密结合实际促进了生产发展。与此同时，要特别总结项目实施的关键技术及其原理有哪些创新、改革和发展，包括技术开发路线，技术本身的改进、深化和提高，以及技术推广应用领域的扩大，还有推广手段和方法的改进等，并组装配套，形成一套技术体系。

（四）完成项目任务的工作方法

完成项目任务的工作方法，主要包括建立健全组织领导，坚持试验示范和以点带面，围绕项目开展研究，抓好技术培训，组织协作攻关，现场考察，交流经验，开展技术服务，搞好技术承包等，促进技术推广，加快发展步伐。

（五）对项目的评价和建议

对项目的评价和建议，主要是运用重要技术参数同国内外同类技术进行对比的情况，对该项技术进行综合评价，说明确立项目的重要技术参数的先进地位和程度，以及项目技术的特点、特性。同时，从项目实施情况出发，结合项目技术的科学性和可行性、国家国民经济发展战略、农业的现状和条件、国家的要求和农民的意愿等方面的因素进行综合分析，提出今后发展前景和建议，包括技术的可行性与应用地区、范围的适应性以及应注意的问题等。

二、项目总结需注意的问题

做好项目总结，一般要注意以下几个问题：

（一）项目总结要有科学性

要从事物内部联系阐述它的发生、变化及演变对生产所超出作用是否具有科学道理，是否合乎规律性。正确引用试验材料说明问题，要有一定的学术水平。

（二）理论联系实际

总结要上升到理论，并有一定的高度和深度，而不能就事论事或空洞无物。

（三）要实事求是

在总结成绩和经验时，要以事实为依据，而不能把什么都归功于项目，对项目存在的问题和不足也应如实说明，以便在以后的推广工作中加以注意和改进。

三、项目总结报告的写法

农业推广项目工作质量的好坏，在很大程度上由项目总结反映出来，因此，写好项目总结报告十分重要。项目总结报告的总体要求是：观点明确、概念清楚、内容充实、重点突出、科学性强。具体写法是：一要占有材料。这是写好项目总结的基础，也是构成总结的基本要素之一。要采取各种办法收集、掌握材料，特别要把说明问题、揭露本质、有一定代表性的例子写到总结中，以便内容更加充实。二要形成概念。在大量占有材料的基础上，通过思维活动，把感性认识上升到理性认识，把大量零碎分散的情况凝结起来形成概念。三要突出重点。要从大量的事实中提炼精华，也就是全部情况和材料中具有代表性、趋向性或最重要的部分突出反映即可。四要推敲观点。推敲观点主要指的是总结报告中撰写形成的概念和提出的问题是否准确、深刻、鲜明，要进行反复推敲，使之更富有科学性。五要提炼语言。是指在文字上下功夫，要把项目总结写得简洁、朴实和逻辑性强。

（一）撰写项目技术总结报告

农业推广项目技术总结报告的总体要求是观点明确、概念清楚、内容充实、重点突出、科学性强，一般包括以下几个方面的内容：

1. 立项的依据、意义及设计指导思想

主要阐述推广项目确立的根据、由来和意义。即分析阐明项目确立根据的充分性，立题的正确性、针对性和必要性，项目对农业生产、农村商品经济、农村生态环境及社会进步等具有的积极作用和重大意义等，阐明课题的指导思想和要解决的主要问题等。

2. 主要工作内容与结果

写明项目主要做了哪些工作，取得了哪些结果和成绩等。如采用的主要推广技术和方法，在推广面积、推广范围、产量水平、增产幅度、经济效益、生

态效益和社会效益等方面完成项目合同规定指标的情况等。要根据内容拟出不同层次的若干标题以分别叙述。

3. 项目的主要技术成果（或技术关键）**及创新点**

重点阐明项目实施中所采取的技术路线及推广技术本身的改进、深化和提高，以及技术推广应用领域的扩大等。

4. 项目应注意的问题和建议

推广项目技术总结报告的题目，要突出技术总结的主题，全面准确地反映推广项目的内容。

（二）撰写项目工作总结报告

项目工作总结报告是农业推广项目总结的三大报告之一。主要内容包括如下几个方面：

1. 项目概况

主要写明项目名称、项目来源、起止年限、承担和参加单位以及项目参加人员情况等。

2. 任务要求

签订项目合同书的项目，应按照项目合同书约定的任务要求来写；未签订项目合同书的项目，可根据推广项目申报书或推广项目可行性研究报告中的任务要求来写。

3. 任务指标完成情况

主要写明推广面积、产量水平、增产幅度、经济效益、生态效益和社会效益等项目合同指标的完成情况等。

4. 项目实施采取的工作方法

包括项目实施的组织领导机构、技术人员配备、政策和物资保证措施、试验示范、技术培训、协作攻关、现场考察、经验交流、技术服务、技术承包、奖惩措施等。

5. 主要成效及创新

写明项目实施所取得的经济效益、社会效益、生态效益和实现的技术创新。

6. 项目的分析和建议

运用重要技术参数同国内外同类技术进行比较，并进行综合分析，做出项目客观评价，也要针对项目实施中存在的问题与不足，提出对项目的改进意见及今后立项研究的建议。

推广工作报告要力求概括性强，内容充实，用数据、事实说明问题。

（三）撰写项目效益分析报告

项目实施单位在对项目的各项技术经济指标实施结果进行核定、作出推广效益证明和按照规定的科学方法进行计算分析的基础上，写出项目效益分析报告，以作为推广工作评价和总结验收的重要依据。

第二节　农业推广项目评价

农业推广工作的评价，是对农业推广工作及其成效做出科学的价值判断，是农业推广工作的重要环节，也是农业推广管理的重要组成部分。在农业推广工作中，评价往往围绕推广工作的目标而展开，通过评价，衡量和明确推广工作的结果是否有显著效益或价值，以及与计划目标相符合的程度。在此基础上，肯定成绩，明确差距，找出经验和教训，使推广工作评价起到应有的积极作用。因此，评价不是一般的议论和评说，而是应用科学的方法，依据既定的推广工作目标，在深入调查研究、详细拥有资料的基础上，对某个推广单位或某项推广项目进行全面系统的分析和论证，达到提高推广技术效益和推广管理水平的目的。

一、评价的主要目的

①通过评价更加明确推广目标，并根据目标比较推广项目完成任务的好坏，评定出推广项目的价值。

②帮助改进正在进行的项目，从项目完成情况的评价中发现问题，及时改进工作。

③在评价中应尽可能客观、准确地评价项目的价值，集中群众意见，避免个人偏见，以便更好地指导未来的项目。

④了解推广工作的效率，明确采用什么方法效果最好。

⑤为新开展的项目提供基础，回答有关项目今后如何继续进行的意见，并指出可能影响项目进行的主客观因素。

二、农业推广工作评价的特点

在农业推广工作中，评价是一项系统行为的过程，主要有以下特点：

（一）导向性

农业推广工作评价，必须以国家发展农业的总方针、政策，科技、经济、社会发展状况，农村经济、农业生产、农民需要为依据，同时兼顾经济效益、

社会效益、生态效益的发挥，才能使推广工作评价起到应有的积极作用。如在推广工作中，片面追求经济效益，单纯强调技术水平高低，忽视技术社会化的服务功能等，则评价会对农业推广工作的方向、目标、效果带来负面影响。

（二）综合性

农业推广工作面向广大农村，服务对象是千家万户，是一种社会性和群众性很强的农业科技普及活动。同时，推广工作又受到社会诸多因素及经济条件的影响，所以推广工作评价不能单从推广工作本身或单一技术问题进行，要面向社会，考虑广大农村经济和社会发展对推广工作的需要，才能做出全面的评价。

（三）复杂性

农业是自然再生产和经济再生产紧密结合的整体，因而农业推广工作也就受到多层面、多环节、多因素的制约，农村经济、农业生产的特点使农业推广评价更为复杂。同时，评价涉及的门类和内容多，因而不同评价的指标、方法会有明显的不同，使评价工作任务繁重和复杂。

（四）阶段性

影响农业生产的多种因素具有波动性和变量性特点。因而，在农业推广工作评价中，许多因素难以界定明确、难以量化，即使进行定性描述，其分寸也难以把握，单凭一次的评价难以对农业推广工作进行全面认识，每次评价都不免有一定的相对性。所以，农业推广评价工作应长期、连续进行，在阶段评价的基础上，通过比较才可以做出较为准确的、全面的评价意见。

三、农业推广工作评价的作用

在农业推广工作中，通过评价，可以总结工作经验和发现问题，明确差距，做出决策，使今后的推广工作更顺利进行。具体有以下几方面的作用：

（一）评定作用

通过评价可以评定农业推广工作方向、方针、目标与国家农业发展总方针的一致性和贯彻程度。依据推广人员发挥作用的程度，评定推广工作取得的效益、完成推广任务的情况等，指导农业推广工作更加符合经济和社会发展需要；符合农业、农村经济发展，农民增收、农业增效需要；符合农业生态平衡需要。

（二）提高作用

通过对推广管理工作的评价，检验推广工作完成的程度及其价值，包括：推广机构发挥整体功能的大小、推广机构内部各子系统工作协调的状况及工作效率；推广计划的合理性和可行性，未来推广项目计划和技术更新的依据；推广工作方式、方法的使用情况等；有哪些教训与经验。通过评价，达到扬长避短和选优去劣的目的，以便更好地改进工作，提高推广工作效率和效果。

（三）管理作用

通过对推广工作中人员、经费等方面的评价，可以端正推广人员的服务态度，提高工作能力和改进工作作风，剖析项目经费在推广工作中的使用情况及其使用效果，以便准确把握今后推广工作中投资额和经费开支的去向，保证农业推广技术发挥较大的总体效益。

（四）决策作用

通过农业推广评价，评定推广工作完成的程度，测算其取得的效益大小，进一步明确推广工作的决策是否科学正确，为进一步决策（即确定推广工作方针、目标、措施）提供依据。

（五）激励作用

通过推广工作评价，可以全面了解农业推广人员、农业推广管理干部的政治思想、业务素质、技术水平、工作表现等，为农业推广人员的培养、选拔、使用、晋升、奖励提供依据。

（六）宣传作用

通过推广工作评价，从各方面了解农业推广工作的作用和成就，提高对农业推广工作重要性的认识，增强全社会的农业推广意识，争取社会各方面对农业推广工作的关心和支持。

四、农业推广工作评价的原则

（一）实事求是的原则

农业推广评价是一门管理科学，它体现了对科学技术进行客观评价的态度和思维方法。在评价中，应有严谨的科学态度，坚持调查研究和试验分析，一切数据应以试验示范及实地调查为准，充分收集整理一手资料，并进行详细分析，力求做到客观准确、公正合理和结论的科学性，切忌简单草率，更不能弄虚作假。

（二）因地制宜的原则

农业生产具有明显的地域性、严格的季节性和多因素的综合性，发展农业生产必须遵循自然规律。所以，农业推广的各项技术措施是否因地制宜、从实际出发，是评价农业推广工作的一条重要原则。在评价过程中应注意，推广内容必须是生产迫切需要的技术，又必须是适合当地自然条件、生产条件、农业

条件的技术，即评价时要意识到技术的先进性，即优于原技术，能取得更好的效益；同时，还必须考核技术在本地区的实用性，即实用价值和适用范围，以判定技术的创新性与实用性是否统一。

（三）经济效益、社会效益和生态效益三统一原则

农业推广活动中，在选择并确定推广某一项新的技术措施时，不仅要看其技术上的先进性、实用性和实效性，还要考虑经济上的合理性和环境的无害性，走投资少、见效快、耗能低、效益高和低污染的农业可持续发展道路。坚决克服只顾眼前利益而忽视长远利益，只讲经济效益不顾生态效益的错误做法，兼顾经济效益、社会效益和生态效益，使农业推广取得综合效益的提高。

（四）简明适用的原则

推广评价的重点是县、乡各类农业推广服务组织和部门，所以，评价的指标、程序、步骤应先易后难、先简后繁、先粗后细、先低后高，逐步完善、发展、提高。评价方法应简明、可操作性强，易为人们掌握应用，逐步达到规范化、标准化。

五、农业推广工作评价的内容

农业推广工作评价的内容很多，依据评价的目的、要求、范围、方法等不同，可分为推广内容评价、推广方法评价、推广组织管理评价、推广效果评价等。

（一）推广内容评价

1. 推广内容的可行性

推广内容的可行性主要是确定推广项目内容的来源渠道，主要包括通过国家和省（市）科委、农业主管部门及其他有关部门审定公布的农业科技成果；农民群众在长期生产实践中创造的有扎实实践基础、适应性强、容易推广的先进经验；科研单位、农业推广单位在原技术的基础上进行的某方面提高和改进，或由推广单位对多方面、多来源、多专业的成果或技术综合组装的成型技术及常规技术的组装配套；从国外引进的先进成果和技术，并进行了试验、示范或同行专家论证等。评价技术项目是否正确可行，配套技术是否合理，应用前景是否广阔等。经过评价，对农业推广项目的内容得出可行、基本可行、不可行等结论。

2. 推广内容的针对性

推广内容的针对性指推广的内容是否从实际出发，是否适合当地的自然条件、经济条件和经营条件，特别是是否抓住了当地影响农业发展的主要技术问

题。一般可用很强、强、较强、不强四个等级来衡量。

3. 推广内容的先进性

推广内容的先进性指与省内、国内、国际技术相比较，是否具有先进性（综合效益、效率、采用时间的早晚、范围等），是否具有实现农民更高级要求的效能，是否具有较强的实用性。常用国际、国内、省内领先水平、先进水平、一般水平来表示。

4. 推广内容的高效性

推广内容的高效性指推广内容是否具有投入少、见效快、效益高、简便易行的特点，并与农民增收的目标一致。通常用投入与产出的比率进行评价。

5. 推广内容的承受性

推广内容的承受性指推广内容的技术难度与农民接受能力是否相适应，通过方法示范与广泛宣传教育后，能否被大多数农民掌握和采用，在生产上能否迅速普及。通常是：对经过推广教育后的农民进行调查考核，包括了解农民接受新技术的程度；有多少人参加了新技术推广教育；有多少人学会了新技术；有多少人基本学会新技术；有多少人学不懂。然后依据调查数据的不同比例进行评价，一般用百分比表示。

（二）推广方法评价

农业推广方法的评价，主要评价推广方法的有效性和适用性等，即采用哪些方法传播农业新技术，这些推广方法在项目中的地位和作用，是否根据农民的素质选用不同的推广方法，是否针对社会经济条件、自然条件差异较大的地区选用不同的推广方法，所用推广方法是否有利于推广机构潜能的发挥，推广方法上有哪些创新等。

1. 推广方法的有效性

（1）评价推广方法是否提高了农业科技传播的速度、范围及农业新技术的普及程度等。

（2）评价推广方法是否有助于提高推广效果。

（3）评价推广方法是否能在提高工作效率的同时，做到节省人力、物力、财力，使有限的推广经费发挥更大的效益。

2. 推广方法的适用性

（1）评价推广方法是否适应农民现有的技术水平、文化素质水平，是否具有吸引力，是否为农民喜闻乐见、听得懂、看得见、学得会、用得上，是否使农民感到满意。

（2）评价推广的技术力量投入是否科学，配比是否合理，技术推广强度能

否保证推广计划指标实现等。

（三）推广组织管理评价

1. 组织机构设置评价

评价推广组织机构设置是否健全和完善，设置是否合理，各级推广组织机构是否保证科技推广职能的有效发挥。

2. 管理制度建设评价

评价推广各级组织机构内部各项规章制度是否健全、完善，能否保证科技推广工作的顺利开展。

3. 推广工作安排评价

评价推广部门的工作计划安排是否周密、具体；科技推广工作指标是否明确、重点突出、措施可行；推广计划、推广内容、推广方法所制定的各项工作、技术、效益指标是否与自然条件、生产条件、推广条件相适应。

4. 规划、计划执行情况评价

评价推广工作规划、计划的各个组成部分在实施目标过程中能否按预定计划和步骤有条不紊地进行；全年各项工作能否按计划指标保质保量完成，如在新技术、新成果的引进、试验、示范、推广中是否按推广程序办事；重点科技推广项目进展、落实情况及其效果；常规技术指导是否及时、准确；科技推广体系建设、完善和提高的情况；经营服务开展的情况及效益；推广方法、设施和手段的改进与改善情况。

5. 推广人员评价

（1）评价推广人员构成是否合理，推广人员的岗位职责、任务目标是否明确具体，便于检查考核。

（2）评价推广人员的业务素质、工作技能能否胜任岗位职责和达到相应技术职务要求的水平。

（3）评价推广人员的工作态度、工作作风、推广技能的改进与提高，特别是推广工作效益等方面有何变化或提高。

（4）评价推广人员的知识更新是否及时、有效。

（5）评价推广人员的组织协调能力，能否做到分工协作、团结奋进，综合整体功能能否充分发挥等。

6. 推广整体效能评价

（1）评价推广机构与国家、集体、个体不同所有制性质的农业科技推广单位的合作情况。

（2）评价推广机构与社会各有关职能部门的合作情况，如与行政、物资、金融等部门的合作情况。

（3）评价农业系统内部教学、科研、推广三个方面的合作情况。

（4）评价推广对农业科技信息收集、交流、传播、反馈是否敏感、迅速、准确。

7. 推广创新评价

评价推广工作中在某一方面有什么突破或创新以及取得哪些科技成果、工作成果，在工作中还存在什么问题，发生过什么重大技术失误或技术事故等。

（四）推广效果评价

1. 推广总体效果

根据农业推广项目技术要素的组成，农业推广效果分为单项技术效果和综合技术效果，但一般用综合效果评价，即根据推广工作计划、目标及实施情况对农业推广工作的总体效果进行评价，具体包括推广度、推广率、推广指数、平均推广速度等。

2. 经济效益的评价

经济效益是指生产投入、劳动投入与新技术推广产值的比较，即通过农业推广工作的开展，对农业、农村经济发展，农民增收的变化进行评价。要注意农民是否得到了实惠，投入产出比是否提高，比较效益是否合理，推广规模与推广周期长短是否合理等。在评价时可以考虑以下几个方面：

（1）土地产出率。采用推广项目后，单位面积土地产量的变化，包括种植业的单位面积产量、效益和养殖业的单位效益等。

（2）劳动生产率。采用推广项目后，农业劳动力规模经营程度和生产水平的高低。

（3）农产品市场竞争力。采用推广项目后，农产品的市场覆盖率、农产品质量、绿色食品及有机食品数量和比重等是否提高。

（4）农产品流通加工率。采用推广项目后，农业产业化经营和农业综合效益的变化情况，包括流通率、加工率等。

（5）推广规模与推广周期长短。推广规模与推广周期长短与单位时间创造的总经济效益有密切关系。

3. 社会效益评价

主要是评价新科技推广应用后，是否增加了社会财富，促进了社会稳定，改善了农民生活质量，促进农村物质和精神文明建设达到了社会发展的效果。

（1）增加社会财富评价。推广项目实施后是否促进了农村商品经济发展，增加了农民收入。

（2）改善农民生活质量评价。推广项目实施后是否满足了社会需求，活跃、丰富了城乡市场，改善了农民生活等。

（3）优化产业结构调整评价。推广项目实施后是否促进了农村产业结构调整，如种植业、养殖业、加工业、乡镇企业、服务行业以及其他行业的变化情况，这些行业在发展当年能直接提供多少利税等。

（4）农村精神文明建设评价。推广项目实施后在精神文明建设方面发生了什么样的变化，如农村教育发展中农民文化、科技素质的提高，公益事业的发展，农村人际关系和文化生活的变化等。

4. 生态效益评价

评价项目推广应用后对生物生长发育环境和人类生存环境的影响效果。

（1）生态环境的改善评价。推广项目实施是否有利于农业生态环境的良性循环，如减少环境污染和废弃物残留、保护天敌、增加绿地覆盖率、控制水土流失、节约能源与土地资源、培肥地力等。

（2）农民生活环境改善评价。推广项目实施后改变了农民的哪些生活环境，如道路交通建设，环境整治，水资源的保护与利用等。

5. 教育效果评价

教育效果是指农业推广教育对农民的影响程度。在农业推广中，传播农业科技的过程就是对农民实施教育的过程，因此推广工作的成效在很大程度上取决于对推广对象的教育效果。在评价时考虑以下几个方面：

（1）农民对推广工作的态度和认识程度评价。即在进行了一定的科技推广教育活动后，农民对新知识、新技术的态度和认识程度。一般可采用座谈、访问等方法调查不同层次认识水平所占的比例，并以此分析判断科技推广教育效果，并预测推广工作难度及主攻方向。

（2）农民操作技能提高程度评价。在科技推广活动中农民对新技术措施的掌握是否熟练，是否发生过技术事故。评价中要注意农民能否将掌握的操作技能在不同范围、不同条件下灵活运用。

（3）农民对基本理论的掌握理解程度。为进一步了解推广教育效果，不但要了解农民采用新技术、掌握新技术的情况，而且要了解农民对新技术基本理论的掌握理解程度。如评价新型肥料推广教育的影响，不但要知道有多少人采用，而且要知道有多少人掌握了新型肥料的使用技术要点，还要知道有多少人掌握理解了该项技术的基本理论及其程度。一般可采用考试或抽测等方法进行考评。

同一推广项目在不同条件下的效果有所不同，因此，评价农业推广工作，应根据不同地区、不同条件下产生的不同效果进行综合评价。

六、农业推广工作评价的方法

（一）评价的方式

1. 单位自评

推广部门自身可根据评价目标和评价类型，按照评价程序，对评价对象进行评价，并形成一致意见，称为自评。自评是推广部门自己主持的，其成员对本单位的情况比较熟悉，对问题和矛盾有身临其境的体验，因而容易形成统一意见，且评价的结论比较接近实际，所以对工作的指导意义较大。但由于评价人员对其他单位的情况了解不够，往往容易注重纵向比较而忽视横向比较，因而对本单位的深层隐患和问题难以发现，这是自评方法的缺陷。所以，自评时，可先组织评价人员到其他单位去参观考察，然后再进行自评。这样得到的评价结论，其可靠性和对工作的指导意义会更大。

2. 专家评价

这是一种聘请推广理论专家、农业技术专家和推广管理专家组成评价组进行评价的方法。由于专家们的理论造诣较深，又具有丰富的科技推广和管理实践经验，因而对评价对象的透视、剖析较为深刻，能透过现象看本质，较为准确地抓住事物的积极因素和消极因素，并对其进行全面具体的分析和研究，从而促使被评单位的领导或个人在认识上产生较强的共鸣。专家评价法的信息量大，意见中肯，结论客观公正，容易使被评单位的领导人产生紧迫感和压力感，从而推动推广工作向前发展。

（二）评价的方法

1. 调查法

调查法是评价者直接到现场或通过问卷、访问、开座谈会、查阅有关资料、田间考察等形式，广泛征求农民和有关人员对评价对象的意见和看法。为便于定性、定量评价，在调查前要列出具体、明确、扼要的调查提纲，编制统一表格，对了解到的具体资料认真做好记录。调查法有以下几种类型：

（1）全面调查。是对调查对象的全部单元即总体进行调查，以获得全面的信息。在被调查的内容单一，涉及调查对象人数较少，人力、物力和时间允许的情况下，应尽可能对总体进行全面调查。

（2）随机抽样调查。是按照随机的原则，在调查总体中选取一部分单元（样本）进行调查。这种调查方法比较省人力、财力、物力，受人为干扰的可能性比较小，调查资料的准确性较高。在全面调查力所不及，或预期抽样误差

不大的情况下采用此法。

（3）典型抽样调查。指在调查对象中有目的地选出少数有代表性的典型单位进行调查。一般是评价人员或专家根据评价目的拟定调查提纲，选择项目实施区有代表性的单位或个人进行调查。一般来说典型调查侧重于事物的规律性、发展趋势等方面的调查。

（4）问卷调查。是根据评价的目标与内容，设计一些相应标准要素，制成表格，标明各要素的等级差别和对应的分值，然后分发给有关人员征求意见。采用问卷调查法，评价人员与调查对象不直接接触，是一种间接收集资料的方法，一般是将调查表以通信的方式邮寄给被调查者，被调查者填好后再寄回的方法。

（5）考试调查。在对推广人员的技能进行调查时，可以通过查阅推广人员编写的技术资料了解其专业知识、技术水平，也可以通过推广人员的科技推广实践了解其推广技能水平，调查其指导是否正确，对各种推广方法能否熟练掌握和灵活应用，还可以采用考试的方法进行调查。

2. 会见法

会见法是为了对农业推广工作中各个问题的因果关系有较清楚的了解，采取当面询问、听取各方面意见，以便作出客观评价的方法。因此，通常可以采取会见地方领导人、科技推广人员的同事、农民和科技推广人员本人等方式，向他们进行全面了解。这种方法有助于客观、全面地评价农业推广工作。

3. 直接观察法

直接观察法指人们有目的、有计划地通过感官和辅助仪器，对处于自然状态下的事物进行系统观察，从而获取经验事实的一种科学研究方法。通过直观考察，可对日常科技推广工作进行检查和评价，如作物的实际生长情况、农民的生活状况等，还可以从中了解以前编写报告的内容与现在直接观察的情况是否相符。举办学习班或技术培训班传播科技推广项目时，可以观察了解农民们对学习班的态度，农民对该科技推广项目是否感兴趣等。在具体实施中，应将现场情况直接观察记录下来，然后进行综合平衡和分析评价，作出结论或统一的意见。

4. 对比法

对比法是在生产实践中，农业受自然条件、社会条件和经济条件的影响，尤以受自然环境的影响最大，所以对新科技的推广采用，在不同地区、不同自然条件、不同经济条件下，其反映进程和效益是不相同的。因此，采用对比法时，首先要使双方在某一问题上有"可比性"，即对比的基础要相同或大致相同；

其次要根据评价项目来设立对比的要素指标，如劳动力投入的变化、单位面积产量的变化、净增效益的变化、农民们对新技术学习态度的变化、掌握新技能的熟练程度等。在科技推广项目或新技术实施过程中，将全过程采用的技术措施、生产投入费用等，逐项记录下来，然后进行前后对比或同一要素指标对比。

5. 自我评价法

自我评价法是推广单位或个人，根据若干原则标准收集资料，对自己的工作情况进行全面总结评定。如依据全年农业推广工作计划，全面回顾总结各项工作完成的数量和质量，取得了哪些经验，还存在什么问题。又如，依据某一技术项目实施方案，检查总结该技术项目进展落实情况、工作方法效果以及农民对该项目的反映等。

6. 总结法

总结法是被评价单位或个人在自我评价的基础上，经过核实有关资料和数据，由本系统或同级群众共同参与，按照既定的工作计划目标或标准进行衡量评价的方法，如推广部门半年、全年工作评比会和某项新技术推广总结会等。总结法是农业推广管理工作中常用的评价方法。

七、农业推广工作评价的步骤

（一）确定评价范围与内容

一个地区或单位的农业推广工作要评价的范围和内容很多，涉及推广目标、对象、方式、方法、管理等各个方面，但在一定时期、一定条件下，需根据评价的目的选择其中的某个方面作为重点进行分析、评价。因此，在进行评价时，应首先明确评价对象，确定评价范围，比如是评价某项技术的阶段性效益，还是全程效益；是评价工作计划，还是推广方法；是推广管理评价，还是推广教育评价等。

（二）制定评价计划

评价计划实际上就是评价方案，包括评价的内容、评价的方法、参加人员、评价时间安排及地点等。

制定评价计划的目的在于保证评价工作有序、顺利地实施。评价计划一般由评价工作机构制定。内容主要包括：①评价的目的和范围；②评价的指标体系和权重体系；③评价的基本方法和要求，包括评价手段、评价计分、评价结果的处理办法、程序等；④评价的工作进度及时间安排；⑤评价的领导和评价小组的安排意见；⑥评价经费预算等。

评价计划还应根据评价内容的复杂程度和重要程度，首先列出参加人员的

数目和名单，包括评价员、推广员、管理专家、咨询委员、项目参加者、项目负责人及其他有关人员，一般由 5～9 人组成评价委员会（或小组），设主任委员和副主任委员各 1 名，要求参加人员责任心强，作风正派，大公无私，熟悉或了解评价内容，参加人员要有代表性；然后确定评价资料的收集方法；最后根据评价内容多少和工作难易安排评价时间及评价地点。

（三）建立评价组织机构与评价程序

开展县以下农业推广单位的农业推广工作水平评价，应在各级主管厅（局）主持领导下进行，由各级主管厅（局）与有关部门组成农业推广机构（站、中心）评价审核领导小组，指导下一级评价工作，并成立由领导、专家、管理人员组成的有代表性、权威性的评价小组，分别开展对省、地、县、乡的科技推广评价和复查工作。

评价程序，分自查、复查、抽查三个阶段。县（或乡）一级农业推广组织要在主管部门的领导下进行自查。在自查中，要求农业推广部门，认真学习党和国家农业推广方针政策、农业科技改革文件，组织力量针对评价指标逐项进行全面调查、对照，进行自我评价。有差距的项目，要结合本单位工作进行整顿、改进，并争取领导部门支持，予以加强。自查结束后，由单位写出自查报告，填好有关自查表格，经主管部门审核后报上级主管部门进行审查。上一级部门根据实际情况进行复查和抽查。

（四）确定评价指标

评价指标的设置要根据评价内容和推广工作评价需要而定，遵循科学、全面、实际、简易的原则。所谓科学，是指评价指标要有清晰的概念和确切的反映内容，并符合农业技术经济一般原理。所谓全面，是指建立的评价指标体系，既要有可比性的数值指标，又要考虑质量和性状等不可比的指标；不仅要反映当前的局部和单项效果，还要能够反映长远、整体的综合效果；各个方面的具体指标能够相互补充，为全面、综合评价服务。所谓实际，是指评价指标体系要建立在目前农业推广工作实际的基础上，适合我国现阶段的推广管理水平。所谓简易，是指建立的各项评价指标都容易用数值计算出来（如经济效益指标、技术效果指标等），不便定量评价的内容（如推广方法、推广组织管理评价）可用百分制打分评判，以便分析比较，提高准确性。

（五）收集、整理与分析评价资料

1. 收集评价资料

只有收集到系统准确的资料，评价工作才能顺利进行，它是农业推广工作评价的基础性工作。收集资料的方法有全面调查、随机抽样调查、典型抽样调查、问卷调查等，其具体内容可参考评价方法中的"调查法"。资料收集应以获取满足评价内容的证据为原则，灵活掌握和应用不同的收集方法。

2. 整理评价资料

根据定量、定性评价的需要，对收集的资料应进行分类整理，以体现资料的规律性。资料整理主要包括：①资料归类。将收集到的资料，及时按各级指标的内涵进行归类。②资料审核。一是审核资料的完整性，审查连续性资料是否有遗漏，必要时应采取相应措施，进行追加调查；二是审核资料的准确性，发现问题应及时予以修正，对于异常数据，应予以删除。

3. 分析评价资料

对整理后的资料，按照评价指标体系进行相应的统计分析或定性分析。然后依据分析结果，对照既定有关目标或标准，进行认真、充分的讨论，在此基础上，对评价对象作出客观、公正、准确的评价。

(六) 编写评价报告

编写评价报告是农业推广工作评价的最后一步，是对评价对象作出的结论性意见。评价报告的内容应根据评价的目的、范围、指标提出综合性结论，包括科技推广工作成绩、特点、水平、问题及改进意见等。评价工作结束后，应写出评价工作总结报告，包括评价简况、评价过程、评价方法、评价步骤、调查分析情况等，同时指出农业科技推广各种评价的意见及改进农业科技推广工作的意见和建议，以便更好地发挥评价工作对指导推广工作实践以及促进信息反馈的作用。

第三节　农业推广项目鉴定

项目的鉴定与项目的评价既类似而又有区别，相比较，项目的鉴定具有较多的正规性、严肃性和法定性。一项技术作为项目推广暂告一段落并取得了一定成果后，实事求是地进行鉴定，评定水平，很有必要。同时，鉴定也是推广成果报奖的首要必需步骤。农业技术推广成果必须经过严格的同行鉴定或具备视同鉴定的条件，并取得组织鉴定单位的技术鉴定证书或视同鉴定的有关材料。这是科技管理工作的重要组成部分，也是科技进步的必然结果。

一、鉴定的主要内容

(一) 推广类成果

推广类成果验收鉴定的内容主要包括以下几个方面：

（1）审查提交验收的技术文件，评价其技术资料是否完整，数据是否准确翔实。

（2）对项目的技术经济指标做出评价，评价其是否完成计划任务，技术经济指标是否先进、合理。

（3）推广是否对原成果做出了创新。

（4）对推广措施和推广范围做出评价。

（5）对取得的经济效益、社会效益、生态效益和潜在效益做出评价。

（6）提出存在的问题及改进意见。

（二）应用技术类成果

应用技术类成果主要验收鉴定内容是：

（1）技术资料是否完整、规范。

（2）选题是否准确，方法是否得当。

（3）是否完成计划任务或合同要求。

（4）对应用技术成果的新颖性、先进性、实用性作出评价。主要内容包括：①技术经济指标的先进性。②采取的试验方案、技术路线的先进性。③生产工艺、农艺措施在可行性试验示范中的技术先进成熟程度。④关键技术与创新程度。⑤项目的实用性和推广应用前景。

（5）对取得的经济效益、社会效益、生态效益和潜在效益做出评价。

（6）对项目总体水平是否达到国际、国内的领先或先进水平等做出评价。

（7）提出存在的问题及改进意见。若无此条，即被视为不合格的验收鉴定。

二、验收鉴定的主要形式

验收鉴定的形式有检测鉴定（视同鉴定）、会议验收鉴定、函审鉴定和现场验收鉴定等。

（一）检测鉴定

凡通过国家、省、自治区、直辖市和国务院有关部门认定的专业技术检测机构检验，测试性能指标能达到鉴定目的的科技成果（如计量器具、仪器仪表、新材料等），适宜采用检测鉴定形式。检测机构出具的检测报告，应对检测项目做出质量和水平的评价。国家级专业技术检测机构，由科技部确定。省部级专业技术检测机构，由省部科技主管部门确定，并报科技部备案。

（二）会议验收鉴定

对于需要组织同行专家进行现场考察或演示、测试和答辩的科技成果，一般采用会议验收鉴定的形式。绝大多数农业科技成果均采用会议验收鉴定形式。会议验收鉴定，一般由组织验收鉴定单位根据被验收鉴定成果的技术内容，聘请7～15名同行专家组成验收鉴定委员会进行验收鉴定。验收鉴定委员会到会专家不得少于应聘专家的五分之四，被聘专家不得以书面意见或派代表出席会议，也不能临时更换鉴定委员。鉴定结论须经到会专家的四分之三以上通过才有效。不同意见应在鉴定结论中明确记载。

（三）函审鉴定

不需要同行专家到现场考察、测试和答辩，由专家通过书面审查有关技术资料即可进行评价的科技成果，可以采用函审鉴定的形式。函审鉴定由组织鉴定单位聘请5～9人组成函审组。提出书面函审意见的专家不得少于应聘专家五分之四，鉴定结论必须依据函审专家四分之三以上的意见形成。不同意见应在鉴定结论中明确记载。

（四）现场验收鉴定

农业推广项目的现场验收鉴定，多采用会议验收鉴定和现场验收鉴定相结合的方式进行。

三、鉴定需要准备的材料

验收鉴定的材料主要包括：

①验收鉴定大纲及验收鉴定委托书，由验收鉴定主持部门提供。

②项目推广工作报告，由推广人员提供。

③项目技术总结报告，由推广人员提供。

④效益分析报告，由推广人员提供。

⑤成果推广应用证明，由推广人员提供。

⑥现场检测报告，由专家现场检测小组提供。

⑦科技查新报告，由有资质的科技查新咨询单位提供。

⑧项目计划任务书及计划下达证明，由科技项目管理部门提供。

⑨原始调查资料、年度总结、技术推广方案等，由推广人员提供。

⑩与成果有关的论文材料、验收证明、表格、照片、影像、多媒体资料等，由推广人员提供。

四、鉴定的程序和要求

（1）凡依据计划完成推广项目任务的，由项目第一完成人提出鉴定申请，由推广主持单位的主要负责人签署意见，提请下达推广计划或任务的单位负责

审查、主持或委托主持鉴定，由组织鉴定单位（部或省成果管理机构）审核批准，然后才能组织进行鉴定。通常申请鉴定应在鉴定会前，并按规定使用相关申请书。

（2）推广项目总结报告是推广成果鉴定的基础和要件，是成果鉴定成败的关键。报告要求条理清晰、数据可靠；结论恰当；文字要求朴实中肯，切忌华丽的辞藻和漫无边际的推算估计。通常报告连同其他材料应在鉴定前15天送给应邀参加鉴定人员审阅，以使成果鉴定更加准确和细致。

（3）鉴定委员会由主持鉴定单位或委托主持鉴定单位聘请同行专家组成。由组织筹备鉴定单位经过协商后指定主持鉴定的技术负责人。鉴定人员的组成应以外单位人员为主。鉴定的人数不得少于5人，最多不超过13人。报部级以上的申请奖励成果，其鉴定委员会的正、副主任必须有高级技术职称，其余的也应具有中级以上职称，具有较高的学术、技术水平和丰富的实践经验，管理经验以及良好的职业道德。成果完成单位参加鉴定委员会的人数不得超过鉴定委员会总人数的四分之一。成果完成人，不得以任何形式参加鉴定，也不得以检查者、说明者身份出现。成果完成人也不得互相鉴定。

（4）所有被邀请参加鉴定委员会的专家，其权利平等，不受行政部门、工作人员、完成人员的影响，独立进行鉴定，可根据规定充分发表意见，有权要求完成人解答问题，并可保留个人意见。鉴定委员会实行主任负责制，少数服从多数，超过半数可以通过鉴定。根据规定，鉴定委员会可取得咨询费，同时对被鉴定的成果负有法律、道义的责任，有保密的义务，更不得把成果据为己有。

（5）完成单位和完成人员是成果被鉴定的一方，是完成成果的直接组织实施单位和人员，在成果鉴定前，应按有关规定做好各种准备，在鉴定时应实事求是、认真负责地向鉴定委员会做出报告，并认真回答鉴定委员会提出的问题，不得弄虚作假，对鉴定结论有不同意见，可向鉴定委员会主任或上级主管部门、成果管理机构提出。

（6）农业技术推广项目的鉴定结论必须在鉴定会上由鉴定委员亲自起草、讨论，在会上形成书面材料并由全体委员签字，有不同意见的委员可以不签字或注明意见。通过鉴定，由组织鉴定单位负责综合各专家的书面意见，形成成果鉴定书。综合意见应说明寄出书面鉴定份数和收回份数各多少。专家的书面意见应作为附件上报。

（7）通过鉴定的成果，必须经成果管理机构审批，并加盖成果管理专用章，鉴定证书方可生效。

（8）组织鉴定单位、主持鉴定单位在鉴定完成后，如发现鉴定报告有重大缺陷，可责成鉴定委员会重新鉴定或补充鉴定，如发现鉴定报告弄虚作假，有权驳回报告，另行组织鉴定委员会重新鉴定。

五、农业技术协作推广项目成果的鉴定

几个单位协作完成的规模较大的推广项目成果，由主持单位或牵头单位负责，与协作单位协商后提出鉴定申请，并做好各项准备工作。协作项目中，由某一单位单独完成的部分或独创部分并有显著效益的，在征得主持单位或牵头单位同意后，也可单独申请鉴定。但总项目鉴定时应剔除该部分内容。

第 六 章

农业推广项目成果报奖

本章学习目的

依据我国相关规定，凡通过主管部门验收鉴定的农业推广项目及资料视为农业推广成果，属于农业科技成果和应用技术成果，可以申报全国农牧渔业丰收奖、科学技术进步奖，各省地市农业推广奖，有效激励提高农业推广工作人员的工作热情与力度，促进农业推广工作的健康良性发展，保障"三农"经济持续提升。

探究学习

1. 报奖的程序。
2. 报奖技巧。
3. 收集整理农业推广项目成果报奖需要的材料。

参考学习案例

1. 各地农业领域科研与推广方面获得的奖项。
2. 农业农村部关于 2019—2021 年度全国农牧渔业丰收奖获奖情况的通报。

第一节　农业推广项目成果报奖类别与流程

凡是通过主管部门验收鉴定的农业推广项目及其相关资料即被视为农业推广成果，本单位和各级推广机构应予以登记。国家将科技成果推广作为科技进步奖的一个重要内容给予重视，相关部门对推广项目实施过程中做出突出贡献的单位和个人给予肯定与表彰。目前我国农业推广成果主要是申报各级（国家级、省级和地市级）科学技术进步奖，承担全国农牧渔业丰收计划项目的可申报全国农牧渔业丰收奖。

一、全国农牧渔业丰收奖申报

全国农牧渔业丰收奖，是农业农村部授予在基层农业技术推广一线做出创造性突出贡献的农业科技人员或组织的荣誉。丰收奖奖励工作以科学发展观为指导，以促进农业科技成果向现实生产力转化为目标，以调动广大农业科技与推广人员的工作积极性为目的，鼓励农技推广人才扎根基层，服务生产一线，鼓励农业技术研究、教育、推广队伍团结协作、联合攻关，不断探索农技推广新模式，提高农技推广能力和效率。丰收奖包括农业技术推广成果奖、贡献奖和合作奖三种奖项，成果奖设一、二、三等奖，贡献奖和合作奖不分设奖励等级，每三年评一次，遵循公开、公平、公正的原则，实行科学的评审制度。通常，获奖人员使用丰收奖时，成果奖一、二、三等奖分别按丰收奖一、二、三等奖对待，贡献奖和合作奖均按丰收奖一等奖对待。

（一）农业技术推广成果奖

1. 奖励范围

国家、地方财政资助或个人、社团自行组织实施的农业技术推广项目。

2. 奖励数量

每次奖励不超过 400 项。设一、二、三等奖，其中一等奖约占 15％，二等奖约占 40％，三等奖约占 45％。

3. 评审标准

（1）一等奖。主要技术经济指标居国内领先水平，与国内同类先进技术相比，其主要技术（性能、性状、工艺等）参数、经济（投入产出比、性能价格比、成本、规模、效益等）参数取得系列或者特别重大进步，引起该学科或者相关学科领域的突破性发展，为国内外同行所认可；总体技术水平居国内领先，技术集成创新与转化能力很强，技术普及率很高；推广方法与机制有重大创新，组织管理水平国内领先；推进产业发展，经济效益、社会效益和生态效益巨大，农民增收很显著。

（2）二等奖。主要技术经济指标居国内先进水平，与国内同类技术相比，其主要技术（性能、性状、工艺等）参数、经济（投入产出比、性能价格比、成本、规模、效益等）参数取得显著进步，引起该学科或者相关学科领域的重大发展，为国内同行所认可；总体技术水平国内先进，技术集成创新与转化能力强，技术普及率高；推广方法与机制有较大创新，组织管理水平国内先进；推进产业发展，经济效益、社会效益和生态效益重大，农民增收显著。

（3）三等奖。主要技术经济指标居省（自治区、直辖市）内领先水平，与省（自治区、直辖市）同类技术相比，其主要技术（性能、性状、工艺等）参数、经济（投入产出比、性能价格比、成本、规模、效益等）参数取得重大进步，推动了区域产业结构调整和优化升级，提高了企业和相关行业竞争能力，为本区域同行所认可；总体技术水平省（自治区、直辖市）内领先，技术集成创新与转化能力较强，技术普及率较高；推广方法与机制有一定创新，组织管理水平省（自治区、直辖市）内领先；推进产业发展，经济效益、社会效益和生态效益较大，农民增收较显著。

4. 申报条件

（1）近 3 年内（以申报截止日期上溯 3 年）通过有关部门组织验收或评价（鉴定）的推广成果。

（2）农产品质量符合地方、行业或国家标准，其中转基因动植物和微生物及其含有转基因成分的产品和加工品，须提交国务院农业行政主管部门颁发的转基因生物安全证书、生产许可证和省级农业行政主管部门颁发的相关生产、加工批准文件的彩色复印件。

（3）具有近三年的成果应用证明，内容主要包括成果名称、推广应用单位（盖章）、推广应用起止时间、近三年的经济效益（包括新增产值、新增利税和年增收节支总额，单位：万元）以及推广应用产生的社会和经济效益。

（4）推广或创新技术中的有关物化新成果必须符合下列规定：①技术发明成果应附有专利证书复印件；②动植物育种类成果应附有品种审定（鉴定）证书复印件；③获得植物新品种权的，应附有品种权证书复印件；④肥料类（含生物肥料）、土壤调节剂应附有肥料登记证复印件；⑤农药（含生物农药）和植物生长调节剂应附有农药登记证复印件；⑥兽药（生物兽药）应附有新兽药注册证或生产许可证复印件；⑦饲料或饲料添加剂应附有生产许可证复印件；⑧保密成果应附有同级涉密管理机关出具的证明文件复印件。

（5）无重复报奖内容。已获得国家奖、部级奖的成果，不得再次申报丰收奖；获得过省级及以下奖励的成果可申报丰收奖。

（6）成果无争议。

（7）知识产权明晰，无纠纷。

在申报农业技术推广成果奖时，推广项目的核心技术获得动植物新品种权、专利等知识产权的，优先申报。

5. 主要完成人和单位

（1）主要完成人。主要完成人不超过 25 人，按照贡献大小排序；须参加本项目实际工作三分之一以上时间，并对项目的设计、技术集成创新、示范推广、技术咨询、培训和开发等方面做出重大贡献；县及县以下基层技术人员比例不得低于70%，乡镇农技人员和农民技术员所占比例不少于总人数的30%。

（2）主要完成单位。主要完成单位不超过8个；要具有法人资格，并在农业技术推广工作中做出突出贡献。

6. 申报材料

（1）申报书。

（2）主要完成人情况表。

（3）项目工作总结、技术总结。

（4）成果验收或评价（鉴定）证书。地方单位牵头完成的成果须是项目下达单位组织或委托项目承担单位主管部门主持验收、评价（鉴定）的成果；自行组织推广的项目成果须是所在地市级以上行政主管部门组织验收、评价（鉴定）的成果。

（5）县级以上农业或统计部门成果应用证明（项目实施区域3个县以上的，至少3个县提供证明；3个县以下的，每县提供证明）。

（6）经济效益报告。经济效益由申报单位自行计算，须填写主要参数，注明使用价格，并说明详细计算过程。产量数据、推广面积、市场价格等须标明统计部门名称，附有测产验收数据。

（7）项目合同书或计划任务书或实施方案。

7. 申报与评审程序

（1）申报与评审工作须通过奖励办公室建立的"丰收奖管理信息系统"完成。

（2）省级评审小组根据奖励委员会下达的推荐名额和要求，组织开展本省申报和初评工作。申报单位在申报时，应对申报项目全部内容在本单位公告栏进行为期3天的公示。初评结果须在本省公示7天。如无异议，以正式文件报送奖励办公室；如有异议，须在奖励办公室规定的申报截止日期内对异议进行甄别处理后，无异议的方可推荐，逾期不得向奖励办公室推荐。初评为一、二等奖的不排序，三等奖排序。

（3）部属单位科技管理部门根据奖励委员会下达的推荐名额和要求，组织开展本单位申报工作，并以正式文件报送材料，奖励办公室组织专家对各单位进行初评。初评为一、二等奖的不排序，三等奖排序。

（4）奖励办公室对初评奖项进行形式审查。对不符合规定的，要求申报和推荐单位在规定的时间内补正；逾期不补正或经补正仍不符合要求的，视为撤

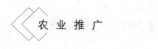

回申报。

（5）奖励办公室组织召开评审会，由评审专家组对经形式审查合格的初评为一、二等奖的奖项进行评审，对初评为三等奖的奖项进行复核。具体评审办法：专家组对初评为一、二等奖的农业技术推广成果项目进行差额评审，未评选上一、二等奖的项目直接列入三等奖，且置顶排序，初评为三等奖的项目经专家组复核后进行末位淘汰。

（6）评审采用无记名投票方式，评审结果达到到会评审专家的二分之一以上方为通过。

（二）农业技术推广贡献奖

1. 奖励范围

长期在农业生产一线从事技术推广或直接从事农业科技示范工作，并做出突出贡献的农业技术推广人员和农业科技示范户。

2. 奖励数量

每次奖励不超过 500 人，其中县及县以下农业技术推广人员占 70％以上，乡镇（或区域站）级农业技术推广人员占县及县以下农业技术推广人员总量的 60％以上。

3. 评审标准

（1）科研、教学单位及地市级以上推广部门人员须同时具备以下 5 条标准。

①为服务区引进推广重大农业技术 3 项（含）以上（其中，近 5 年来不少于 1 项），推广普及率达到 50％以上，促进项目区增产或增收 10％以上；

②获得地（市）级（含）以上的科技成果奖励、工作奖励 2 项（含）以上（其中，近 3 年来不少于 1 项）；

③在创新基层农技推广方式方法和服务机制、培育农业社会化服务组织、开发特色农业等方面业绩突出；

④示范推广重大集成创新技术和技术发明，并取得显著经济、社会和生态效益；

⑤参加省（部）级以上重大科技专项，并做出突出贡献。

（2）县及县以下农业技术推广人员须具备上述 5 项评审标准中的任意 3 项。

（3）农业科技示范户，须具备以下第 1、2 项条件，并具备第 3、4 项之一。

①采用新品种或新技术 3 项（含）以上，经县级农业（科技）主管部门验

收，产量（效益）居本县领先地位连续 3 年（含）以上；

②在划定的示范区域内带动同产业农户三分之二以上，对推动农业产业化做出突出贡献；

③近 5 年内，获得过县级（含）以上政府、产业（科技）部门或省级以上产业协会表彰奖励；

④通过种养技术（品种）的自主改良，实现节本增效，经县级以上（含县级）有关农业部门认定具有重要推广价值。

4. 申报条件

（1）科教单位及地市级以上推广部门人员。

①具有高尚的职业道德和社会公德、过硬的业务素质和服务技能，遵纪守法，得到当地农民群众或行业的广泛认可；

②须连续从事农业技术推广工作 10 年（含）以上，常年有二分之一以上的工作时间在乡镇（含区片）站的生产一线从事技术推广，无技术事故或连带责任。

（2）县及县以下农业技术推广人员。

①具有高尚的职业道德和社会公德、过硬的业务素质和服务技能，遵纪守法，得到当地农民群众的广泛认可；

②须具备中专以上学历或取得三级以上农业职业技能鉴定证书，连续从事基层农业技术推广工作 15 年（含）以上，或连续在乡镇（含区片）站从事农业技术推广工作 10 年（含）以上，常年有三分之二以上的工作时间在县及县以下的生产一线从事技术推广，近 10 年来无重大技术事故或连带责任。

（3）农业科技示范户。

①具有高尚的社会公德、较高的技术示范水平和服务技能，遵纪守法，得到当地农民群众的广泛认可；

②须具备初中以上学历，获得有关农民技术培训证书；被当地农业部门连续确定为科技示范户 5 年（含）以上，生产规模达到当地中等以上，在当地发挥重要农业科技示范带动作用。

曾经获得过农业技术推广贡献奖的人员不得申报。

5. 申报材料

（1）推荐表。

（2）基于评审标准的相关证明材料，具体要求如下。

①科教单位及地市级以上推广部门人员。连续从事农业技术推广工作 10 年（含）以上，常年有二分之一以上的工作时间在生产一线从事技术推广的证

明材料，由申报人所在单位出具；无技术事故或连带责任证明材料，由申报人所在单位出具；为服务区引进推广重大农业技术 3 项（含）以上，其中近 5 年来不少于 1 项的证明材料，由申报人所在服务区乡镇政府或县级农业行政主管部门出具；因引进推广重大农业技术而取得的显著经济、社会和生态效益证明材料，由申报人所在服务区的县级农业行政主管部门出具；获得地（市）级（含）以上的科技成果奖励、工作奖励 2 项（含）以上，其中近 3 年来不少于 1 项的证明材料，由申报人出具原件，申报单位审核并在复印件上加盖单位公章；在创新基层农技推广方式方法和服务机制、培育农业社会化服务组织、开发特色农业等方面业绩突出的证明材料，由申报人所在单位出具；参加省（部）级以上重大科技专项，并做出突出贡献的证明材料，由申报人提供相关项目文件。

②县及县以下农业技术推广人员。中专以上学历证书或三级以上农业职业技能鉴定证书复印件，由申报人提供；连续从事基层农业技术推广工作 15 年（含）以上，或连续在乡镇（含区域）站从事农业技术推广工作 10 年（含）以上，常年有三分之二以上的工作时间在生产一线从事技术推广的证明材料，由申报人所在单位出具；近 10 年来无重大技术事故或连带责任的证明材料，由申报人所在单位出具；为服务区引进推广重大农业技术 3 项（含）以上，其中，近 5 年来不少于 1 项证明，由申报人所在服务区乡镇政府或县级农业行政主管部门出具；因引进推广重大农业技术而取得的显著经济、社会和生态效益证明材料，由申报人所在服务区的县级农业行政主管部门出具；获得地（市）级（含）以上的科技成果奖励、工作奖励 2 项（含）以上，其中近 3 年来不少于 1 项的证明材料，由申报人所在单位出具；在创新基层农技推广方式方法和服务机制、培育或领办农业社会化服务组织、开发特色农业等方面业绩突出的证明材料，由申报人所在单位出具；参加省（部）级以上重大科技专项，并做出突出贡献的证明材料，由申报人提供相关项目文件。

③农业科技示范户。初中以上学历和有关农民技术培训经历的证明材料，由申报人提供原件，县级农业行政主管部门审核并在复印件上加盖公章；连续 5 年（含）以上被确定为科技示范户，生产规模达到当地中等以上，在当地发挥重要农业科技示范带动作用的证明材料，由申报人所在县级农业行政主管部门出具；采用新品种或新技术 3 项（含）以上，且经县级农业（科技）主管部门验收，连续 3 年（含）以上产量（效益）居本县领先地位的证明材料，由申报人所在县级农业行政主管部门出具；在划定的示范区域内带动同产业农户三分之二以上，且对推动农业产业化（领办农业合作化组织）做出突出贡献的证

明材料，由申报人所在乡镇政府或县级农业行政主管部门出具；近 5 年内，获得过县级（含）以上政府、产业（科技）部门或省级以上产业协会表彰奖励，申报人提供原件，县级农业行政主管部门审核，并在复印件上加盖单位公章；通过种养技术（品种）的自主改良，实现节本增效，且经县级（含）以上有关部门认定具有重要推广价值的证明材料，由申报人所在县级农业行政主管部门出具。

6. 申报与评审程序

（1）申报与评审工作须通过奖励办公室建立的"丰收奖管理信息系统"完成。

（2）省级评审小组根据奖励委员会下达的推荐名额和要求，组织开展本省申报和初评工作。申报单位在申报时，应对申报项目全部内容在本单位公告栏进行为期 3 天的公示。初评结果须在本省公示 7 天。如无异议，以正式文件报送奖励办公室；如有异议，须在奖励办公室规定的申报截止日期内对异议进行甄别处理后，无异议的方可推荐，逾期不得向奖励办公室推荐。

（3）部属单位科技管理部门根据奖励委员会下达的推荐名额和要求，组织开展本单位申报工作，并将申报材料以正式文件报送奖励办公室。

（4）奖励办公室对初评和推荐来的奖项进行形式审查。对不符合规定的，要求申报和推荐单位在规定的时间内补正；逾期不补正或经补正仍不符合要求的，视为撤回申报。

（5）奖励办公室组织召开评审会，由评审专家组对形式审查合格的农业技术推广贡献奖候选人进行差额评审。评审采用无记名投票方式，评审结果达到到会评审专家的二分之一以上方为通过。

（三）农业技术推广合作奖

1. 奖励范围

在农业技术推广活动中做出重要贡献的农科教、产学研、相关组织等合作团队。

2. 奖励数量

每次奖励不超过 20 个。

3. 评审标准

（1）连续多年合作开展农业技术推广工作，对农业生产做出显著贡献。

（2）具有明确的目标任务、长效的合作机制，形成具有重要推广价值的技术推广模式。

（3）带动基层农业技术推广能力明显提升，促进产业快速发展。

（4）带动当地某项产业快速发展，并形成主导产业，创立品牌或取得无公害、绿色、有机等认证。

4. 申报条件

（1）两个系统以上的单位在基层紧密合作开展农业技术推广活动。

（2）合作成果得到当地政府和农民的认可。

（3）连续合作 3 年（含）以上。

5. 主要完成人和单位

（1）主要完成人总数不超过 30 人。

（2）主要合作单位不少于 3 个。

（3）每个合作单位的主要完成人不超过 10 人。

6. 申报材料

（1）申报书。

（2）主要完成单位情况表。

（3）主要完成人情况表。

（4）工作总结。

（5）连续合作 3 年（含）以上的证明材料。

7. 申报与评审程序

（1）申报与评审工作须通过奖励办公室建立的"丰收奖管理信息系统"完成。

（2）省级评审小组根据奖励委员会下达的推荐名额和要求，组织开展本省申报和初评工作。申报单位在申报时，应对申报项目全部内容在本单位公告栏进行为期 3 天的公示。初评结果须在本省公示 7 天。如无异议，以正式文件报送奖励办公室；如有异议，须在奖励办公室规定的申报截止日期内对异议进行甄别处理后，无异议的方可推荐，逾期不得向奖励办公室推荐。

（3）部属单位科技管理部门根据奖励委员会下达的推荐名额和要求，组织开展本单位申报工作。奖励办公室组织专家对各单位以正式文件报送的材料进行初评。

（4）奖励办公室对初评奖项进行形式审查。对不符合规定的，要求申报和推荐单位在规定的时间内补正；逾期不补正或经补正仍不符合要求的，视为撤回申报。

（5）奖励办公室组织召开评审会，由评审专家组对形式审查合格的农业技术推广合作奖候选团队进行差额评审。评审采用无记名投票方式，评审结果达到到会评审专家的二分之一以上方为通过。

二、省级、地市级推广奖

农业技术推广是促进农业发展的重要举措，为充分调动广大农业科技人员的积极性和创造性，促进农业科技成果尽快应用于农业生产，各省、地市均根据地方实际情况制订了如：科技成果推广奖、农业科技推广奖、农业技术推广奖、科学技术进步奖等奖项。各省、地市农业推广奖项的申请条件据实际情况不尽相同，但总体原则是授予大规模推广应用于各省经济和社会发展的优秀科学技术成果，和取得显著经济效益、社会效益，促进本省区域协调发展的个人或组织。

第二节 农业推广项目成果报奖技能

对科技成果的评价和奖励，是我国依靠科技振兴经济而采取的一项重要措施。它对于调动广大科技人员的积极性，促进科技成果的完善和科技水平的提高，起到不容忽视的作用。获得成果奖的多少既是衡量单位和个人科研贡献大小的一个标志，又是技术职称、工资晋升以及评定先进的重要依据，与科技人员的切身利益密切相关，科技工作者为能获得一项科技成果奖励的殊荣而感到高兴与自豪。推广成果同科学研究成果一样，能否评上奖，关键在于成果自身的水平，但成果报奖的准备工作做得如何，在一定程度上影响着成果能否获奖，所以，农业推广成果报奖需要注意以下事项方可提高获奖概率。

一、抢先发表

所谓抢先发表。是指要抢先将自己可以公开的科技成果公布于众。就是说要有竞争的意识。推广或研究一旦成功或取得新进展，而且无保密必要的话，就应尽快总结撰写论文，争取早发表，因为这关系到你的成果是否具有新颖性，以及成果将来是否归你所有。同一项目往往有几个单位或几个人同时分别实施，谁先发表，谁就占据了申报成果奖的主动权，尤其注意在同一类项目里原拟发表的多篇论文中，要抢先发表首篇论文，发表的方式最好是在公开刊物上全文发表，必要时可先以摘要形式发表，将推广或研究中可公开的最实质、最关键的部分抢先公开。如果刊物发表有困难，也可争取在学术会议上抢先报告，并取得有关报告证明。有经济价值的技术性成果可通过抢先申请专利来确认该项成果的归属。新颖性是评价成果的一个前提条件，丧失了新颖性，就很

有可能丧失成果的获奖机会。常有这样的情况发生，本来最早开始推广或研究并取得一定进展者，由于没有及时总结成文发表，结果丧失了新颖性，在申请奖励中处于极为被动的地位。抢先发表应在公平竞争的前提下抢先，切不可违背科学道德，以不正当或非法的手段抢先。

二、适时申报

所谓适时申报，就是要掌握好成果申报的最佳时机。按规定，一项成果只能申报一次，除有新的实质性创新和突破外，原则上不能再次申报。把握成果申报的时机是很必要的，报早了不行，报晚了也不行。理论研究成果必须在论文发表一年后才可以申报，而应用性成果，尤其是产品性成果应在投产应用并取得有关单位采纳、使用或投产证明后才可申报。如成果不具备上述要求，就急于申报奖励，经常是在形式审查时就被"刷下来"，即使侥幸过关，获奖的等级也不高。

另外，每一项科技成果都具有一定的创新性，人们对新事物的认识与肯定有一个循序渐进逐步深化的过程，因此，在申报成果奖励前，除确需保密的技术外，应尽可能做些交流与宣传工作，让同行专家充分了解推广或研究成果的作用、价值和意义等，然后再申报奖励，这样成功的可能性会大些。在同行对欲申报成果的相关内容知之甚少或尚不能充分肯定或接受的情况下，尽管成果确实具有较高水平，但同行专家一般不会对该成果作出肯定性的评价，评价意见往往是"模模糊糊"，专家给了这样评价的成果，一般也难以获评奖励。

成果申报得太晚也不行。一是因为对于先后或几乎同时分别就某一项目进行开发或研究并取得成果的，除专利技术能较好确定成果归属外，往往是谁先申报，谁就有可能争得头功，而后申报的就有可能评不到奖，虽然获奖成果公布后有一至两个月的异议期，但很少提出异议。二是由于科学技术的发展很快，技术与知识更新的周期越来越短，一项成果，在几年前还是很先进的，几年后甚至一两年后就会被更先进的成果取而代之，因此，如果申报过晚，该成果很难获奖。当然，也不排除有一部分基础性成果，是以后开展新的研究所不可缺少的成果，尽管过了若干年仍能评上奖。

把握好成果申报的时机，对于提高成果的中奖率无疑是有帮助的，如果科学技术成果报奖条件不成熟，是难以获得科技成果奖的。一年一度的科技成果评奖工作，是科技工作的丰收季节，审时度势，把握好时机就会喜获硕果，功成名就；如果操之过急，急功近利，势必造成劳而无获，前功尽弃。

三、突出特点

突出特点是科技成果创新的必然要求，科学技术发展到今天，完全绝对创新的成果已很少见，绝大多数的科技成果都是在前人研究的基础上进一步研究取得的。同一项目有许多人分别同时或不同时在研究或开发，其结果可能雷同或大同小异，或有实质性差异，甚至完全相反。要使评审专家清楚地看出申报成果与众不同之处，就应在坚持实事求是的前提下善于标新立异，也就是讲明成果的实质性特点，说明成果的创新与国内外现有技术、方法等相比有哪些优点。成果奖的确定，一般都要经过形式审查、检索查新、专家评定。如果申报成果奖的论文包括论文题目及申报书等，未能充分突出成果的特点，在形式审查中就有可能被淘汰，即使侥幸通过了第一关，也不易通过检索查新这一关，因为检索查新的主要目的就是要检查成果是否具有与众不同的新颖性及特点。需要注意的是，尽管成果申报强调突创新特点，但也应以科学实验的结果为依据，不能随意"标新立异"，否则，无论如何自我标榜，也不可能被承认。然而，在遵循科学原则的基础上，不善于把自己成果的特点充分加以显示，的确会在一定程度上影响成果获奖的机会。有时尽管成果有创新性的特点，但却不能被负责形式审查的科技管理部门及评审的专家理解，导致落选，这种情况在成果评奖时经常出现，所以在撰写论文和填报成果申报书时，充分发挥创新思维，用最精辟确切的词句讲清和突出成果特点，以求科技管理部门和同行专家能对成果作出恰如其分、符合客观的评价。

四、科学系统

科学系统是指所申报的成果是科学技术成果，而不是一般的教学、生产、学习和工作成果，作为科技成果必须具有科学性和系统性。

科技成果是经立题、设计、实验和示范等阶段创新活动的结果，没有经过周密设计、潜心研究和实践验证所取得的一般性工作总结、调查、回顾性工作报告、文献综述等，严格来讲不能作为科技成果。设计是否严谨、合理，论点是否明确，论据是否充分，资料是否完整，数据是否准确，分析论证是否合乎逻辑，实验所用材料是否合格，都是科学性的要求。具不具备科学性，是衡量评价一项科技劳动结果是否属于成果的前提条件之一。不科学的东西是不可信的。因此一项开发、推广或研究，在科学性上有严重缺陷的就不能申报成果奖。

系统性问题主要是从科技成果申报的角度来说，要求所取得的成果应具有一定的系统性，不要刚撰写发表了一两篇初探性的论文，就急于申报成果奖。

因为奖励的总人数有一定限额，最后能评上奖的毕竟占少数。在评选中，那些科学性强、水平高、系统完整的科技成果，一般都能"过五关，斩六将"，最后获得殊荣。

科技成果奖的系统性有两方面基本要求，一是对完成研究过程的系统要求，即要求具有设计、实验、总结、发表论文或投产推广应用等一系列过程；二是对推广或研究的对象，应从不同角度展开多方面的系统研究。能评上部、省级以上科技成果奖的，基本上都达到了上述要求，不少研究成果的论文资料多达一二十篇，有的甚至三四十篇论文。当然，强调系统性，并不排除有个别科技成果，其科学性和推广、开发研究的主要内容在一两篇论文中就能突出反映出来。

在强调成果的科学系统原则时，要注意避免：一是避免从发展角度或超越当时客观条件对成果的科学系统性提出过高要求。二是避免把一些不甚相关的论文东拼西凑起来作为一项系统的成果申请报奖。此外，系统性在成果申报材料中的要求是完整性，申报书中所要求填写的栏目，应尽可能填报，内容填得如何是另一回事，但千万不要留有空白栏目，尤其是一些必填栏目，特别注意不要漏填，否则无法通过科技管理部门的形式审查。

五、自我评价

所谓自我评价，就是以成果持有者的自我评价来影响评审专家，以期实事求是作出评价，掌握这一原则，往往可以收到"立竿见影"的效果。科技成果奖的专家评定，通常要经过专家书评和成果评审委员会投票表决，专家书评时会淘汰一部分，然后把其余的交由各级成果评审委员会审定并投票表决。参加书评的专家，主要根据成果申报书、论文资料，结合自己所掌握的知识、信息来评审成果。评委会由多名专家组成，一般只有一份成果内容摘要，评委会的专家基本是依据或参考成果内容摘要决定投赞成票或反对票。因此，成果申报书的成果内容摘要填得如何，对成果能否获奖起着至关重要的作用。自我评价（成果摘要）讲求精练，一般600～800字，内容包括成果的主要用途、原理、技术关键、预定和达到的技术指标、经济效益、社会效益、生态效益、学术意义、国内外水平比较及推广应用情况等。实事求是、恰如其分地在成果摘要中介绍自己成果的水平和价值十分重要，自我拔高易引起专家的反感，过于谦虚或低估自己的成果水平，也有不利的一面。

六、效益反馈

一项新技术，通过试验、示范、开发、推广后就会体现出相应效益，因此，在取得成果后，应尽快发挥成果效益。成果奖励的基本程序是："鉴定、推广、评奖"，所以，推广应用是成果申请报奖的先决条件，尤其是物化形态成果，起码要求有用户采纳、接受，如果是理论性研究成果则要求在刊物公开发表后方可申报。发表论文、学术交流也可视为推广的一种形式，理论被他人引用或用于指导实践也可视同应用，此外还可以通过办学习班、招进修生、报刊宣传、技术贸易等方式推广应用成果，推广范围越广，获奖的概率越大。先进技术成果开发推广的本身就可单独申报科技进步奖或星火奖，就要求研究者既要做好研究也要尽力推广。应用性成果，没有一定的推广应用面积很难评上成果奖励，因为推广应用也是主动争取效益反馈的一种方法，通过推广应用，进一步验证和说明成果的水平、作用、价值和意义，必然对成果的评奖大有益处。效益大小是评价科技成果的三大指标之一，科学性、创新性主要确定是不是成果以及该不该获奖，效益则主要决定奖励的等级高低。因此，在从事研究过程中，尤其是在成果推广应用到农业生产中或发表论文后，应注意搜集效益反馈的信息，包括：成果产品的直接、间接经济和社会效益、生态效益；成果内容被他人引用、编入教科书等；各方面的评价反馈意见等；研究结果被国家或行业等有关部门采纳、认定的证明等；学术会议与发表刊物的级别，是否会议发言、是否被评为优秀论文等；同行专家来函索取论文、订购产品的信件；报纸电台的宣传报道等。上述效益反馈信息在一定程度上说明了该成果的作用和意义，对成果评奖有一定的辅助作用。

参 考 文 献

高启杰，2013. 农业推广学 ［M］. 北京：中国农业大学出版社.

高启杰，2018. 农业推广学 ［M］. 北京：中国农业大学出版社.

郝建平，1997. 农业推广技能 ［M］. 北京：经济科学出版社.

刘斌，等，2004. 中国三农问题报告 ［M］. 北京：中国发展出版社.

马占元，杨林，等，1992. 农业技术推广指南 ［M］. 石家庄：河北科学技术出版社.

汤锦如，2010. 农业推广学 ［M］. 北京：中国农业出版社.

唐泽智，罗永藩，1990. 实用农业推广学 ［M］. 北京：科学出版社.

汪荣康，1998. 农业推广项目管理与评价 ［M］. 北京：经济科学出版社.

王多胜，等，2002. 农业推广实践与创新 ［M］. 北京：中国农业出版社.

王福海，2002. 农业推广 ［M］. 北京：中国农业出版社.

王福海，2010. 农业推广 ［M］. 北京：中国农业出版社.

王慧军，2017. 农业推广学 ［M］. 北京：中国农业出版社.